"十三五"
国家重点出版物出版规划项目

中国自主产权
芯片技术与应用丛书

郝金亭 / 主编
王凤娇 张丽芳 / 编著
北京金山办公软件股份有限公司 / 审校

龙芯

WPS Office 使用解析

U0253876

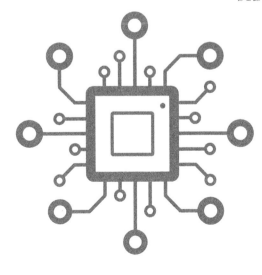

人民邮电出版社

北　京

图书在版编目（CIP）数据

龙芯WPS Office使用解析 / 郝金亭主编 ; 王凤娇,
张丽芳编著. -- 北京 : 人民邮电出版社, 2020.12
（中国自主产权芯片技术与应用丛书）
ISBN 978-7-115-55985-2

Ⅰ．①龙… Ⅱ．①郝… ②王… ③张… Ⅲ．①办公自
动化－应用软件 Ⅳ．①TP317.1

中国版本图书馆CIP数据核字(2021)第025671号

内 容 提 要

本书是WPS Office的入门书籍，图文结合，详细地介绍了WPS Office各组件，包括WPS文字、WPS表格和WPS演示的基础知识和使用方法。全书分为3个部分：第一部分（第01～05章）介绍WPS文字的基础操作、各元素的插入与编辑方法、排版等基础知识；第二部分（第06～11章）详细介绍工作簿与工作表的基础操作步骤，数据处理与分析中的图表、函数与公式的应用等内容；第三部分（第12～15章）介绍如何编辑与设计幻灯片，以及制作课件的详细步骤。每个部分在介绍基础知识之后，还通过小案例综合介绍WPS文字、WPS表格和WPS演示的实际应用方法。针对读者在使用办公软件过程中遇到的常见问题，本书则通过一个个进阶小妙招来帮助读者轻松解决。

本书既适合WPS Office初学者阅读，也可以作为大中专院校或者企业的培训教材，尤其适合使用龙芯计算机的用户阅读学习。

◆ 主　　编　郝金亭
　　编　　著　王凤娇　张丽芳
　　责任编辑　赵祥妮
　　责任印制　王　郁　陈　犇
◆ 人民邮电出版社出版发行　北京市丰台区成寿寺路 11 号
　　邮编　100164　电子邮件　315@ptpress.com.cn
　　网址　https://www.ptpress.com.cn
　　固安县铭成印刷有限公司印刷
◆ 开本：787×1092　1/16
　　印张：19.75　　　　　　　　2020 年 12 月第 1 版
　　字数：461 千字　　　　　　2024 年 7 月河北第 2 次印刷

定价：69.90 元

读者服务热线：(010)81055410　印装质量热线：(010)81055316
反盗版热线：(010)81055315
广告经营许可证：京东市监广登字 20170147 号

序

近年来，龙芯公司组织了一系列专业书籍的编写，逐步覆盖了龙芯体系结构设计、龙芯桌面及服务器使用/管理/应用开发、操作系统开发等内容，形成了龙芯专业技术书籍体系。随着龙芯生态的不断发展壮大，基于龙芯计算机的 WPS Office 用户逐渐增多。本书是首本基于龙芯计算机的 WPS Office 专业教程，进一步丰富了龙芯专业技术书籍体系，意义非凡。

WPS Office 作为民族办公软件的"标杆"，一直致力于赋能信创产业。WPS Office 作为北京金山办公软件股份有限公司的核心产品，先后突破多项网络化办公应用关键技术，整体技术水平在国内办公软件领域处于领先地位。在与国外主流 Office 高度兼容的同时，WPS Office 全面支持龙芯等国内所有主流芯片和 Linux 操作系统，在相同硬件水平下的主要性能已优于国外主流产品，创新了 150 多项针对中文处理的本土功能，并实现了用 AI 为办公和创作赋能。

本书紧密结合实践，提供基于龙芯处理器平台的 WPS Office 的使用教程，解析 WPS Office 丰富的特色功能及使用方法，介绍 WPS Office 为广大龙芯用户提供的稳定、便捷的办公支持。WPS Office 覆盖了多种用户和使用场景，可以满足企业用户办公的需求，提供了更加丰富的定制化功能，并提供了售后服务；同时，使用龙芯桌面产品的个人用户也可以享受到 WPS Office 的优质服务。

自主创新技术的发展离不开产业生态上下游企业的合作交流，推动自主创新产品从"能用"向"好用"转变需要更多人的支持和参与。我期待本书能够帮助更多人掌握并使用 WPS Office，鼓励更多人使用民族办公软件，共建自主信息技术产业体系。

吴庆云

北京金山办公软件股份有限公司副总裁

前言

龙芯产品简述

龙芯到现在已有近 20 年的历史，最初是由中国科学院计算技术研究所发起的一项科研工作，从 2010 年开始由龙芯中科技术股份有限公司（简称"龙芯中科"）进行产品和市场推广。

龙芯中科自主设计的龙芯 CPU（Central Processing Unit，中央处理器）是中国计算机科研成果推广到市场的重要产品。按照性能从低到高排列，龙芯 CPU 包括"龙芯 1 号""龙芯 2 号""龙芯 3 号"这 3 个系列，其中"龙芯 3 号"系列面向桌面信息化应用。目前最新款产品是龙芯 3A5000，其主频可达 2.5GHz，能够充分满足用户的日常办公和娱乐需求。

CPU 是计算机中最重要的核心电路，是整个计算机的"神经中枢"，计算机中的其他部件都在 CPU 的"指挥"下工作。龙芯计算机是基于龙芯 CPU 的通用型计算机，有着非常丰富的应用，能够满足用户日常办公、上网、媒体、娱乐等需求。龙芯计算机相关的产品系列非常丰富，包括台式计算机、笔记本电脑、一体机、云终端等。龙芯计算机已经在信息化领域中大量使用，未来将广泛应用于各行各业。

龙芯中科在操作系统生态建设方面仿照 Android 的模式。在 Android 的模式中，Google 做好 Android 的官方基础版本，各手机厂商对 Android 官方基础版本进行定制改造，衍生出各种品牌手机预装的操作系统。在龙芯的操作系统生态中，龙芯中科维护一套社区版操作系统 Loongnix。

Loongnix 集成了龙芯技术团队多年来在核心基础软件方面的优化成果，例如内核、Java 虚拟机、浏览器、编译器和工具链、媒体编解库等，同时在龙芯开源社区上提供相关代码和开发工具，以"源码开放、免费下载"的形式进行发布。在 Loongnix 基础上衍生出了其他商业品牌操作系统，这些商业品牌操作系统虽然在界面风格、服务支持方面各有特色，但底层其实都是基于相同的 Loongnix。龙芯计算机用户可以使用 Loongnix，也可以使用其他商业品牌操作系统。目前常用的商业品牌操作系统包括统信操作系统、中兴新支点操作系统、银河麒麟操作系统等。

WPS 产品概述

WPS 起步于 1988 年，经过 30 余年的发展，已经成长为全球领先的办公软件服务商之一。

目前，WPS 为全世界 220 多个国家和地区的用户提供服务，每天用户使用 WPS Office 创建、编辑、分享的文档数量超过 5 亿。

WPS 一直积极投身软件自主创新领域，围绕"产品、技术、生态合作、客户经验和售后服务"5 个方面的建设，WPS 为我国办公软件未来全面实现自主创新做好了充足准备。

在产品层面，WPS 在 2019 年 4 月正式发布了 WPS Office 2019 for Linux 版本，总体性能进一步提升，这不仅体现在整体的启动速度上，而且 WPS 文字、WPS 表格和 WPS 演示 3 个组件的基础功能的性能同样得到了整体优化。值得一提的是，该版本增加了基于我国本土用户的 150 多项特色创新功能，其发布成为办公软件从行业跟随者向引领者转变的关键一步，对增强办公软件核心竞争力具有重要的意义。

在技术层面，通过持续发力和布局 AI 领域，WPS 致力于把全球先进的科技前沿技术引入软件自主创新工作中来，推动智能化办公。与此同时，WPS Office for Linux 版本与在 Windows 平台的业务逻辑代码同源，实现了双线良性互补，因为 WPS 在 Windows 平台的系统集成已经通过众多企业系统的测试，实用性和稳定性极强，所以其领先经验能够给软件自主创新发展提供坚强的技术保障。更关键的是，此举确保 WPS 在 Linux 平台上的使用习惯和体验与 Windows 平台上的完全一致，用户可实现无缝衔接并直接投入使用。

在生态合作层面，从 2014 年至今，WPS 不断加强产业生态合作，先后与龙芯、飞腾、兆芯、申威等 CPU 厂商，中标麒麟、银河麒麟、统信软件、中科方德、普华等操作系统厂商，数科等版式软件厂商，以及打印机、签章、电子公文系统等软硬件厂商进行多次产品底层优化和产品互测，并出具互认证文件，全面提升产品的易用性和可靠性。

在客户经验层面，过去多年正版化的经验让 WPS 的服务更专业。通过这些测试，WPS 可为服务的客户定制办公模板、培训快捷的操作技巧、优化业务办公和业务系统集成、保障企业文档安全管控、提升企业内部多端多协同的办公应用。

在售后服务层面，WPS 聚焦产业研发与售后，先后在北京、上海、广州、深圳、武汉、成都、西安、珠海建立了 8 个技术服务中心，授权服务商覆盖了 31 个省（自治区、直辖市），客户服务中心 400 热线提供 24 小时全天候服务，第一时间为用户解决问题，共同为应用创新项目保驾护航。

本书特色

WPS Office 2019 for Linux 是一款兼容、开放、高效、安全并极具中文本土化优势的办公软件。其专业的图文混排功能、强有力的计算引擎和强大的数据处理功能、丰富的动画效果设置、公文处理等，可以充分满足企业级用户和个人用户在 Linux 体系下高效办公的要求。

本书基于龙芯计算机和 WPS Office 2019 for Linux，选取 WPS 常用的基础功能，带领读者学会使用 WPS，并能利用 WPS 提高工作效率。本书主要具备以下 3 个特色。

（1）零基础入门。本书针对初学者，从 WPS Office 最基础的界面知识讲起，从内容输入到内容编辑，再到版式美化，循序渐进，图文结合，详细讲解日常使用中的基础操作步骤，方便读者在龙芯计算机上快速上手 WPS Office。

（2）基础知识与案例讲解相辅相成。在每个部分的最后都配有案例讲解，这些案例都是读者在使用 WPS Office 时会用到的场景。通过这些案例，读者不仅可以综合运用前面所学的知识，还能了解 WPS Office 在实践中的应用，做到学以致用。

（3）进阶小妙招助力效率翻倍。书中除了基础知识的讲解，还设计了进阶小妙招，这些小妙招有的是运用基础知识做一个酷炫的小案例，有的是讲解一个高效的小技巧，帮助读者提高工作效率。

WPS Office 分为三大组件，包括 WPS 文字、WPS 表格和 WPS 演示。在编写过程中，考虑到用户在使用 WPS Office 各个组件时常用的功能会有所不同，所以部分公共基础功能仅在较为常用的组件进行了讲解，但实际上其他组件也支持该功能，例如：文档加密。

本书旨在为龙芯计算机的用户提供 WPS Office 使用指南，使读者能够更轻松、高效地使用龙芯计算机进行工作、学习。当然，本书对于想学习 WPS Office 使用的其他读者也很有帮助。由于时间仓促，书中难免有疏漏和不妥之处，恳请广大读者批评指正。

配套资源

本书案例部分配有素材及源文件，通过素材可以实现案例，通过源文件可以看到案例制作的效果，也可在案例的基础上优化自己的案例效果。

读者可扫描"职场研究社"二维码，关注后回复"55985"即可获取配套资源下载链接，也可以直接通过以下链接下载：http://box.ptpress.com.cn/y/55985。

职场研究社

CONTENTS 目 录

第一部分 WPS 文字

03 美化文档——掌握排版技能

04 多快好省——批量文件的制作攻略

05 第一眼打动 HR——个人简历的制作攻略

第二部分 WPS 表格

制作不求人——销售数据表攻略

第三部分　WPS 演示

创建演示文稿——掌握 WPS 演示基础操作技能

打造好看的演示文稿——掌握元素的添加与编辑技巧

·14·

让演示文稿动起来——掌握多媒体、动画、交互的应用技巧

·15·

不瞌睡的魔法——课件的制作攻略

第一部分

WPS 文字

第 **01** 章

创建文档——熟练掌握基础操作技能

本章从认识首页和工作界面开始，逐步介绍了 WPS 文字文档的基础操作技能，包括新建文档、保存文档、打开和关闭文档、文档视图的调整、审阅文档、保护文档、文字的输入和选中以及文本的简单编辑。

1.1 WPS 文字初印象——认识 WPS 首页和 WPS 文字工作界面

在使用 WPS 文字前需要先对 WPS 的首页和 WPS 文字的工作界面有一个整体的认识，了解界面上各个区域的功能，为后续的操作打下基础。

1.1.1 WPS 首页组成

在启动器中找到 WPS 2019，单击打开，看到的就是 WPS 首页，其主要组成包括：标签栏、账号、搜索框、设置、主导航、文件列表、云消息面板，如图 1-1 所示。

图 1-1

- 标签栏：在标签栏可以新建文档和登录账号。新建的文档会以一个个标签的形式显示在标签栏上。标签栏可以同时显示多个文档的标签，通过单击文档的标签可以切换查看所有打开的文档。
- 账号：在 WPS 中只有登录账号后才可以使用云文档、会议、账号加密等功能，所以建议使用 WPS 处理文档前先注册和登录账号。除 WPS 账号外，WPS 还支持微信、QQ、钉钉等第三方账号登录。
- 搜索框：只支持搜索云文档，所以需要登录账号才能使用。
- 设置：可以进入"设置中心"对软件的界面、工作环境等进行设置。
- 主导航：用于定位和访问文档或应用。
- 文件列表：包括常用位置和文件列表。
- 云消息面板：显示用户在云文档中进行的创建、删除等操作。

> **提示**
>
> 在设置中心的"切换窗口模式"功能中可以切换窗口为整合模式或多组件模式。整合模式下 WPS Office 各组件可同时在一个窗口中打开；多组件模式下，各组件独立窗口。本书以整合模式为例，展示 WPS Office 各个组件的使用方法。

如果习惯将文档保存到某个文件夹，可以将该文件夹添加到常用位置。单击常用位置上的"+"按钮，在弹出的对话框中选择"桌面"→"常用文件"，单击"打开"按钮，即可将其添加到常用位置列表中，如图 1-2 所示。

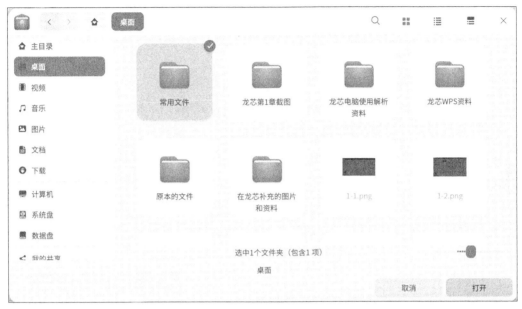

图 1-2

在常用位置中，可以看到文件名后有一个小图钉，这是因为添加的常用文件夹默认为置顶显示状态。当添加了很多常用文件夹后，可以单击相对不常用的文件夹后的小图钉，取消置顶显示；或在该文件夹上单击，在弹出的快捷菜单中选择"取消置顶"。如果某个文件夹的使用频率不是非常高了，可以选择"移除此条记录"，将其从常用位置列表中删除，如图 1-3 所示。

图 1-3

选择某个常用位置后，在其右侧文件列表中可以看到这个文件夹中的所有文档，在列表的右上角可以看到很多图标按钮，通过这些图标按钮可以对文件列表包含的文档进行筛选、排序和清除失效记录等操作。图标按钮的详细说明如表 1-1 所示。

表 1-1

图标	说明
⬚	清除失效记录，当文件列表中的文档被删除或移动后，文档会显示已失效，单击该按钮可以一键清空所有失效文档。
↻	刷新文件列表中的文档。
☰	显示模式，可将文档的显示模式设置为列表视图、平铺视图、内容视图和封面视图。
⬇ 时间	切换排序顺序，可选择将列表中的文档按照时间、名称和大小进行排序。
▽ 筛选	文件类型筛选，可以筛选出文字、表格、演示和 PDF 格式文档，可以选择筛选其中一种或多种。

在最近访问文档列表中，当鼠标指针移动到文档上时，可以看到文档后出现了"分享"和"置顶显示"图标按钮。单击"分享"图标按钮即可将文档通过文档链接、微信等方式分享给好友；单击"置顶显示"图标按钮即可将常用文档置顶在文件列表的最上面，方便使用，如图 1-4 所示。

单击文档后的"…"按钮，可以对文档进行打开、分享、复制、重命名和打开文件位置等操作，如图 1-5 所示。

图 1-4

图 1-5

1.1.2　工作界面组成

在 WPS 首页，单击"新建"标签，在"新建"标签页中单击空白文档下的"+"按钮即可创建空白文档，如图 1-6 所示。

此时看到的就是 WPS 文字的工作界面，如图 1-7 所示。

WPS 工作界面包括标签栏、功能区、导航窗格、编辑区、任务窗格和状态栏，介绍如下。

● 功能区：包括选项卡和选项卡功能面板，单击不同的选项卡，会显示不同的操作工具。

● 导航窗格：可以显示目录、章节和书签。在"视图"选项卡功能面板中单击"导航窗格"按钮可以打开。

● 编辑区：用于编辑文字文稿的内容。

● 任务窗格：可以调出样式和格式、备份管理、限制编辑等窗格。

● 状态栏：可以看到字数和页数、进行拼音检查、切换文档视图、调整页面缩放比例等。

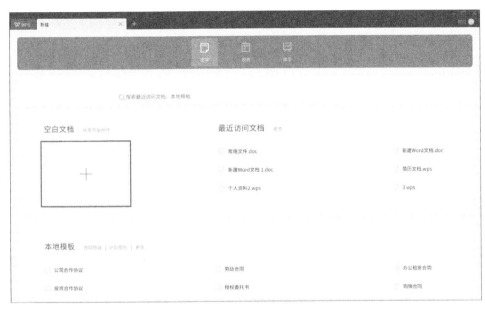

图 1-6

图 1-7

1.2　文档的基本操作

本节主要讲解文档的基本操作，包括文档的新建、保存、打开和关闭。

1.2.1　新建文档

使用 WPS Office 既可以新建空白文档，也可以使用模板来新建文档。新建空白文档在 1.1.2 节有详细讲解，这里不再重复讲解，这里主要讲解如何使用模板来新建文档。

灵活利用模板既可以在使用文档的过程中节约大量时间，又可以让制作出来的文档更加美观、格式更加规范。

在"新建"标签页的下方可以看到本地模板，模板类型包括合同协议、计划报告等，单击某个模板即可基于该模板创建一个新的文档，如图 1-8 所示。

图 1-8

如果没找到合适的模板，可以单击本地模板后的"更多"查看所有模板。以查看更多本地模板为例，在搜索框中输入关键词即可搜索相关模板，如图 1-9 所示。

> **提示**
>
> 如果本地模板无法满足需求，可以单击"新建"标签页最下方的"查看免费模板"进入"WPS 稻壳儿"首页，下载更多类型的模板。

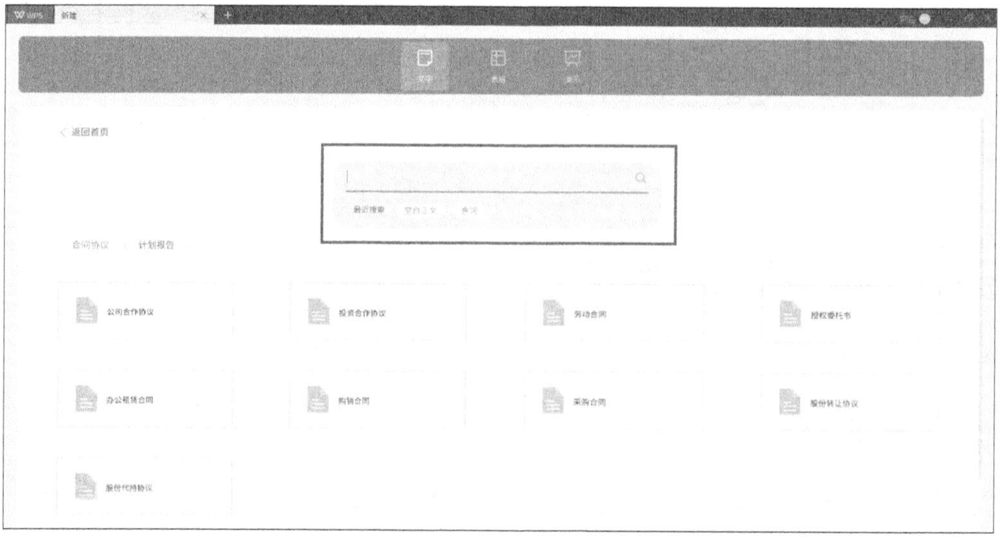

图 1-9

1.2.2　保存文档

在编辑文档的过程中可能会遇到断电等意外情况，数据可能会丢失，因此需要在新建文档后养成及时保存的好习惯。

1. 保存

新建文档后就可以对文档进行保存了，有 3 种保存文档的方法，详细操作步骤如下。

方法一：单击"文件"菜单 →"保存"命令，如图 1-10 所示。

图 1-10

方法二：单击"开始"选项卡功能面板中的"保存"图标按钮，如图 1-11 所示。

图 1-11

方法三：按快捷键【Ctrl+S】。如果是第一次保存文档，将会弹出"另存为"对话框，软件默认选择的保存位置是"我的云文档"，如图 1-12 所示。

图 1-12

用户可以根据实际情况修改文档的存储位置，将文档保存到云端或本地；若想将文档保存到桌面，单击对话框左下角的"本地文档"按钮，弹出"文件管理器"对话框，如图 1-13 所示。单击窗口左侧列表中的"计算机"，在右侧窗格中双击"桌面"文件夹，然后修改文件名和格式，单击"保存"按钮即可保存新建的空白文档。如果是已经保存过的文档，保存时则不会弹出任何提示。

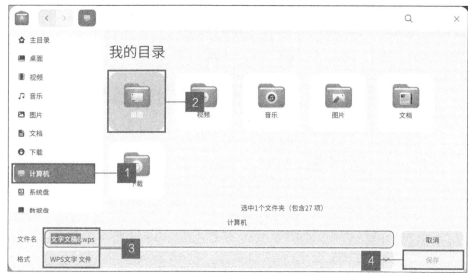

图 1-13

2．另存为

在编辑文档时，除了保存文档，还可以将其保存为相同格式或其他格式的文档，同时将文档保存到不同的位置，详细操作步骤如下。

单击"文件"菜单→"另存为"命令，如图 1-14 所示。

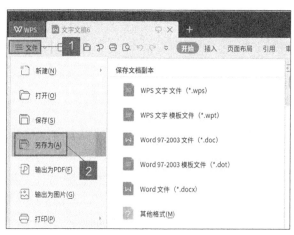

图 1-14

在弹出的"另存为"对话框中，选择文档的保存位置，若想将文档保存到云端"我的文档"文件夹中，单击另存为对话框左侧列表中的"我的云文档"，在右侧窗格中选择"我的文档"文件夹，修改文件名和格式后，单击"保存"按钮即可，如图 1-15 所示。

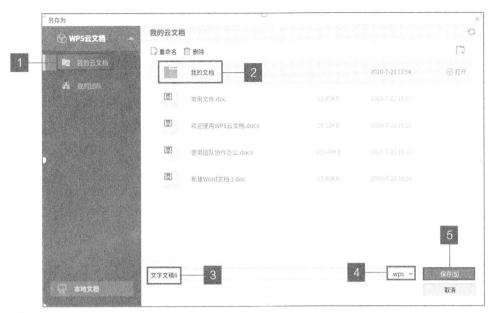

图 1-15

1.2.3　打开和关闭文档

将文档保存后，在保存时选择的目录中可以找到该文档，如图 1-16 所示。双击文档图标即可打开文档。除此之外，用户还可以直接打开 WPS Office，在软件中通过文件列表来打开文档。

图 1-16

WPS 支持同时打开多个文档，所有文档的名称都会显示在标签栏上，单击对应文档的标签即可查看该文档。同时在标签的右侧显示了"关闭"图标按钮，单击即可关闭该文档，如图 1-17 所示。

图 1-17

如果打开了很多文档，一个一个关闭就会比较麻烦，此时可以单击界面右上角的"关闭"图标按钮，直接关闭所有文档，如图 1-18 所示。

图 1-18

1.3 文本的基本操作

文本的基本操作包括文本的输入、选择和简单编辑，文本的简单编辑又包括文本的复制、剪切、粘贴、删除、查找和替换等，下面将分别进行介绍。

1.3.1 文本的输入和选择

编辑文档是 WPS 文字最主要的功能之一。要想实现文档的编辑，需要先在文档中输入文本，并掌握选择文本的操作方法。本小节主要介绍文本的输入和选择，为后续的学习打下基础。

1. 输入文本

新建一个空白文档后，用户就可以在文档中输入内容了，操作方法如下。

打开新建的空白文档，在中文输入法状态下，在光标闪烁的位置输入文本内容，如"创建我的第一个文档"，按【Enter】键或【Space】键确认输入，如图 1-19 所示。

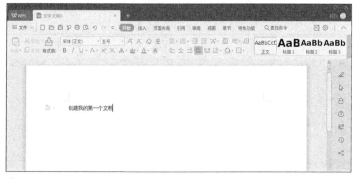

图 1-19

类似地，按【Ctrl+Shift】键可切换中英文输入法，按【CapsLock】键可切换英文的大小写，按键盘上的数字键可输入数字。

2. 选择文本

输入文本后，如果想修改文本内容和文本属性，都需要先选择文本才能使修改生效。这里介绍几种常用的选择文本的方法。

（1）选择任意文本

通过单击将光标定位在要选择文本的开始位置，按住鼠标左键不放，向上或向下拖曳至要选择文本的结束位置，释放鼠标左键，即可选择任意文本，如图1-20所示。

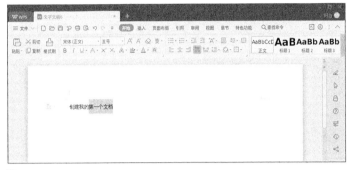

图 1-20

（2）选择超长文本

如果文档内容比较多，选择大段文本使用上述方法就不是很方便了。此时可以通过单击将光标定位在要选择文本的开始位置，通过鼠标滚轮向下或向上翻动文档，直到看到要选择文本的结束位置，按住【Shift】键，单击要选择文本的结束位置，即可选中从光标开始位置到结束位置的所有文本，如图1-21所示。

图 1-21

（3）选择段落文本

文档的文本内容通常都是通过段落来划分的，此时通过光标来选择段落文本就不是最高效的了。用户可以在段落中的任意位置单击3次，即可选中整个段落文本。

（4）选择所有文本

有时需要对整个文档的内容进行调整，此时可以在"开始"选项卡下，单击选项卡功能面板中的"选择"按钮，在弹出的菜单中选择"全选"或按快捷键【Ctrl+A】，即可选择文档中的所有文本，如图1-22所示。

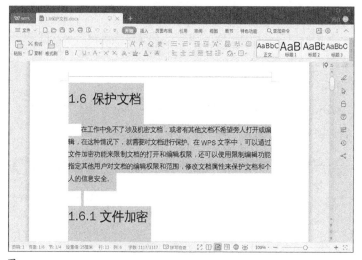

图 1-22

（5）选择分散文本

上面所有选择文本的方法都是选择连续文本，但是，在需要对文档中的部分关键词或标题等统一调整格式时这些方法就不是很好用了。此时可以使用选择任意文本的方法，选中第一处需要修改的内容，然后按住【Ctrl】键，再选择其他文本，这样就可以选择任意数量的分散文本了，如图1-23所示。

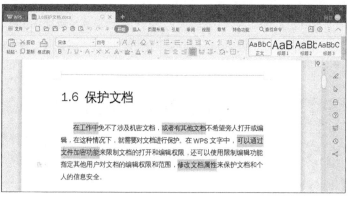

图 1-23

提示

除了通过文档编辑区域选择文本外，用户还可以采用该区域左侧的选中栏来快速选择文本。将光标移动到要选择文本的左侧，当光标呈向右箭头的状态时，单击即可选择该行文本，双击即可选择该段文本，单击3次即可选择整个文本。

1.3.2　文本的简单编辑

在学会输入和选择文本后，用户可以进一步对文本进行简单的编辑来调整文本内容。

1. 复制和剪切文本

复制文本指的是将选中的文本复制一个备份到系统的剪贴板中，而原文档中被复制的内容不会受到任何影响。

　　复制文本的方法有 3 种：第一种是选择文本后，在"开始"选项卡功能面板中单击"复制"按钮；第二种是在选择的文本上单击鼠标右键，在弹出的快捷菜单中选择"复制"；第三种是选择文本后，按快捷键【Ctrl+C】。图 1-24 展示了前两种方法。

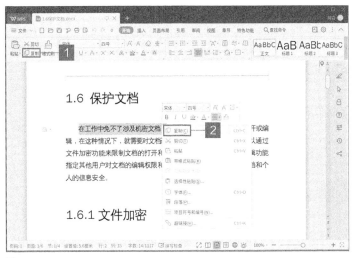

图 1-24

　　剪切文本是指将选择的文本放到剪贴板中，单击"粘贴"按钮后该文本会移动到指定位置，原文档的文本则自动被系统删除。

　　剪切文本的方法有 3 种：第一种是选择文本后，在"开始"选项卡功能面板中单击"剪切"按钮；第二种是选择文本后，在选择的文本上单击鼠标右键，在弹出的快捷菜单中选择"剪切"；第三种是选择文本后，按快捷键【Ctrl+X】。图 1-25 展示了前两种方法。

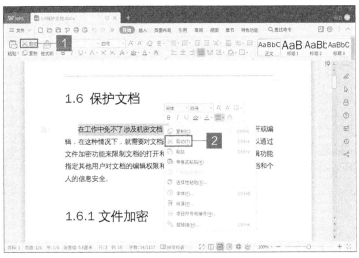

图 1-25

2．粘贴文本

　　复制或剪切文本后，就可以在指定位置粘贴文本了。粘贴文本的方法有 3 种。

方法一：复制或剪切文本后，在文档中的指定位置单击鼠标右键，在弹出的快捷菜单中选择"粘贴""保留源格式粘贴""只粘贴文本"或"选择性粘贴"即可，如图 1-26 所示。

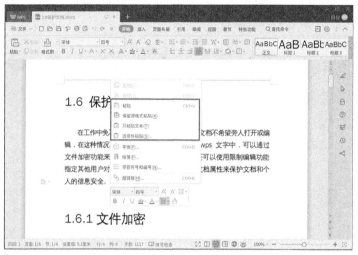

图 1-26

方法二：复制或剪切文本后，在文档中的指定位置单击，将光标插入指定位置，在"开始"选项卡下，单击"粘贴"下拉按钮，在弹出的菜单中根据实际情况选择一个粘贴命令即可，如图 1-27 所示。

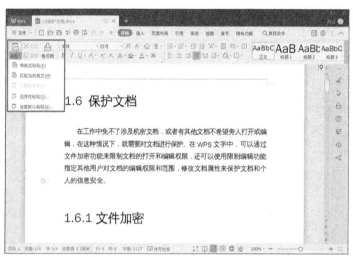

图 1-27

方法三：将光标插入文档的指定位置后，按快捷键【Ctrl+V】。

3．删除文本

从文档中删除不需要的文本，主要是通过快捷键来实现的。将光标插入文本后，按【Backspace】键向左删除一个字符；按【Delete】键向右删除一个字符；选中文本后，按【Backspace】键或【Delete】键删除选中的文本。如果误删了文本，可按快捷键【Ctrl+Z】撤销上一步操作，还可以按快捷键【Ctrl+Y】恢复上一步操作。

4．查找和替换文本

　　在编辑文档过程中有可能遇到指定修改某一个词或需要统一修改某个词的情况，此时使用查找和替换功能可以大大提高效率。查找和替换功能的操作方法如下。

01. 打开某个文档，在"开始"选项卡功能面板中单击"查找替换"按钮或按快捷键【Ctrl+F】，如图 1-28 所示。

图 1-28

02. 在弹出的"查找和替换"对话框中，默认选择的是"查找"选项卡，在"查找内容"文本框中输入想要查找的内容，如"加密"，然后单击"查找下一处"按钮，如图 1-29 所示。

03. 在文档中文本"加密"以灰色底纹显示，如图 1-30 所示。

图 1-29

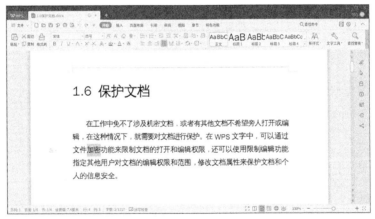

图 1-30

04. 查找完成后，软件会弹出提示对话框，提示"已完成对文档的搜索"，单击"确定"按钮即可，如图 1-31 所示。

05. 如果需要替换某些文本，可在"查找和替换"对话框中单击"替换"选项卡或按快捷键【Ctrl+H】，如图 1-32 所示。

图 1-31

06. 在"查找内容"文本框中输入"点击"，在"替换为"文本框中输入"单击"，然后单击"全部替换"按钮，即可将文档中的文本"点击"全部替换为"单击"。替换完成后，软件会弹出提示对话框，提示替换全部完成和替换的数量，如图 1-33 所示。

图 1-32

图 1-33

07. 单击"确定"按钮，再单击"关闭"图标按钮，返回文档即可。

1.4 文档视图的调整

WPS 文字支持多种视图模式，供用户在不同的情况下进行选择，包括全屏显示、阅读版式、页面、大纲和 Web 版式。

1.4.1 全屏显示

全屏显示模式下，页面将只显示文档内容，便于读者阅读，不受其他元素的干扰。单击"视图"选项卡，在选项卡功能面板中选择"全屏显示"按钮，或直接单击界面下方状态栏中的"全屏显示"图标按钮，即可切换到全屏显示模式，如图 1-34 所示。

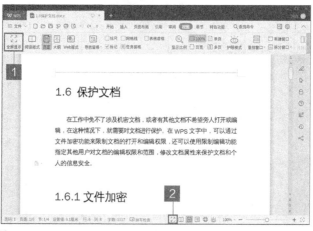

图 1-34

1.4.2 阅读版式

阅读版式模式与全屏显示模式类似，也是隐藏界面上方的功能区，减少阅读的干扰因素，但是与全屏显示不同的是，该模式还保留了目录导航、显示批注、突出显示、查找和自适应功能。

单击"视图"选项卡，在选项卡功能面板中选择"阅读版式"按钮，或直接单击界面下方状态栏中的"阅读版式"图标按钮，即可切换到阅读版式模式，如图 1-35 所示。

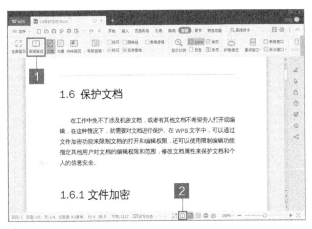

图 1-35

如果各级标题段落设置了相应的大纲级别，单击"目录导航"按钮，可以查看软件自动识别的目录，如图 1-36 所示。

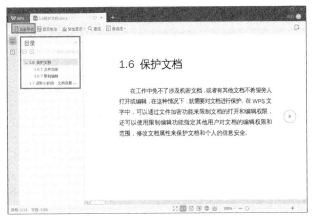

图 1-36

如果文本添加了批注，单击"显示批注"按钮，可以查看或隐藏批注，如图 1-37 所示。

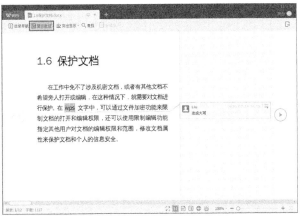

图 1-37

选中文本后，单击"突出显示"按钮，可以将重要的内容高亮显示。单击"突出显示"右侧的下拉按钮可以修改突出显示的颜色，如图 1-38 所示。

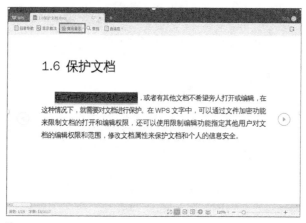

图 1-38

单击"查找"按钮，在界面右上角会弹出查找搜索框，输入关键词，按【Enter】键后关键词将会在界面上高亮显示，并且在搜索框的上方会显示关键词的个数及当前关键词是整个文档所有关键词中的第几个，如图 1-39 所示。

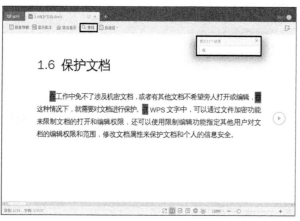

图 1-39

单击"自适应"按钮，可以选择将文本内容单栏、双栏或自适应显示。选择"自适应"的情况下，如果调整软件界面大小，文本内容会根据界面宽度自动调整进行单栏显示或双栏显示，如图 1-40 所示。

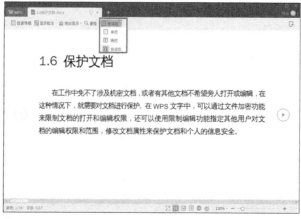

图 1-40

1.4.3　页面

页面模式是文档的默认显示模式，一般情况下用户都是在页面模式下对文档进行编辑的。页面主要包括页眉、页脚、文字和图像对象等元素，是最接近打印效果的视图模式。

单击"视图"选项卡，在选项卡功能面板中选择"页面"按钮，或直接单击界面下方状态栏中的"页面"图标按钮，即可切换到页面模式，如图 1-41 所示。

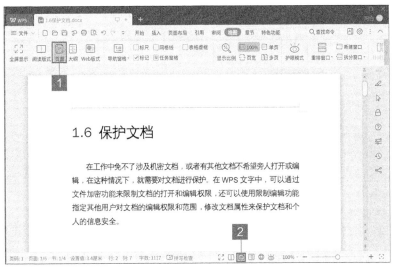

图 1-41

1.4.4　大纲

大纲模式主要用于快速查看文档结构和内容梗概。

单击"视图"选项卡，在选项卡功能面板中选择"大纲"按钮，或直接单击界面下方状态栏中的"大纲"图标按钮，即可切换到大纲模式，如图 1-42 所示。

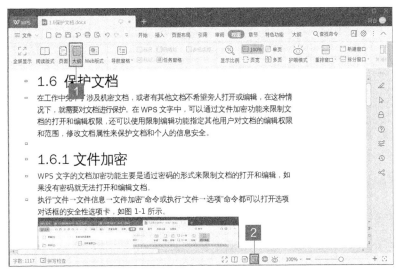

图 1-42

在"大纲"选项卡下，将光标放到需要调整级别的内容的后面，单击"大纲级别"按钮，在弹出的下拉列表框中可以修改大纲级别，如图 1-43 所示。

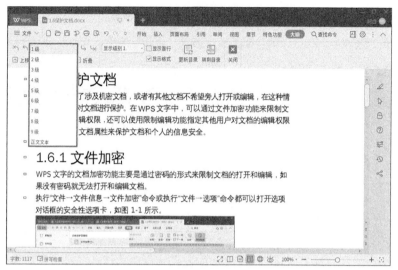

图 1-43

修改完成后，单击"显示级别"按钮，在弹出的下拉列表框中，可以选择想要查看的大纲级别，如图 1-44 所示。单击"关闭"按钮，自动返回页面视图模式。

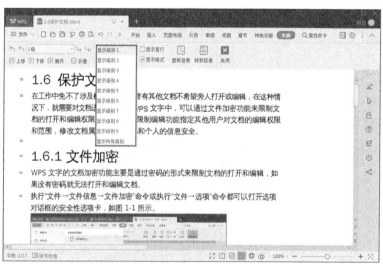

图 1-44

1.4.5 Web 版式

Web 版式模式以网页形式显示文档内容，适合以浏览网页为主的内容。

单击"视图"选项卡，在选项卡功能面板中选择"Web 版式"按钮，或直接单击界面下方状态栏中的"Web 版式"图标按钮，即可切换到 Web 版式模式，如图 1-45 所示。

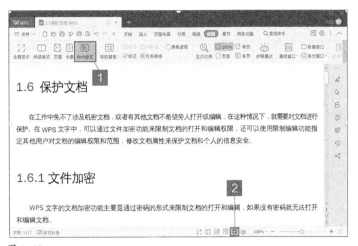

图 1-45

1.4.6　调整视图比例

用户可以根据需求左右拖动"显示比例"滑块或者单击"缩小"图标按钮或"放大"图标按钮来调整页面显示内容的缩放比例，如图 1-46 所示。按住【Ctrl】键，使用鼠标滚轮也可以快速调整页面视图比例。

图 1-46

1.5　审阅文档

在日常工作中，一个文档可能需要多人讨论或经过审核后才能定稿。如果协作者都直接在文档中进行修改，就无法对内容进行区分，且修改后不留痕迹，一旦修改出现问题就很容易前功尽弃。WPS 文字提供的批注、修订等审阅工具能很好地解决这些问题，大大提高办公效率。

1.5.1　批注功能

为了能更好地理解文档内容或方便其他人对文档内容提出修改建议，可以为文档添加批注。如果批注的内容是需要其他人解决的，接收人可以在看到批注后对批注内容进行解答。如果批注的问题已经解决，可以将批注转为解决状态，这样在保留修改痕迹的同时也区别于其他批注。文档插入、删除、恢复和解决批注的操作方法如下。

01. 打开一个文档，选中要添加批注的文字，单击"审阅"选项卡，再单击选项卡功能面板中的"插入批注"按钮，如图 1-47 所示。

02. 在文档的右侧会出现一个批注框，用户可以根据实际需要输入批注内容。批注框上会自动显示用户名和添加批注的时间，如图 1-48 所示。

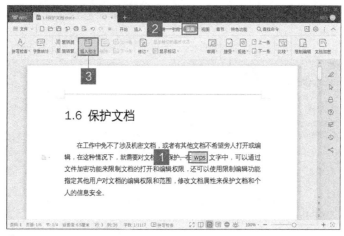

图 1-47

图 1-48

03. 在批注框上单击鼠标右键，从弹出的快捷菜单中选择"删除批注"，或单击批注框右上角的"编辑批注"图标按钮，选择"删除"，即可删除批注，如图 1-49 所示。

图 1-49

04.　在批注框上单击鼠标右键，从弹出的快捷菜单中选择"答复批注"，或单击批注框右上角的"编辑批注"图标按钮，选择"答复"，即可在批注框下答复批注，且与添加批注类似，会自动显示用户名和添加批注的时间，如图1-50所示。

图 1-50

05.　与删除和答复批注的操作类似，在批注框上单击鼠标右键，从弹出的快捷菜单中选择"解决批注"，或单击批注框右上角的"编辑批注"图标按钮，选择"解决"，即可将批注转换为已解决状态，如图1-51所示。

图 1-51

1.5.2　修订文档

WPS文字提供的修订功能可以保留文档所有的修订痕迹，包括插入、删除、格式更改等。

1.　更改用户名

在批注和修订文档的过程中可以更改用户名，以与其他用户相区分，操作方法如下。

01.　单击"文件"菜单→"选项"命令，如图1-52所示。

02.　在"选项"对话框中，单击左侧列表中的"用户信息"，用户可以在右侧的窗格中对用户信息进行更改，如在"姓名"文本框中输入"阿白"，单击"确定"按钮即可，如图1-53所示。

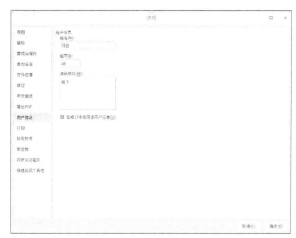

图 1-52   图 1-53

2. 修订文档

单击"审阅"选项卡，单击"修订"按钮即可进入修订状态，如图1-54所示。

图 1-54

将文档中的"点击"修改为"单击"后，文档右侧会自动显示一个批注框，批注框中显示了修改者和修改内容，如图1-55所示。

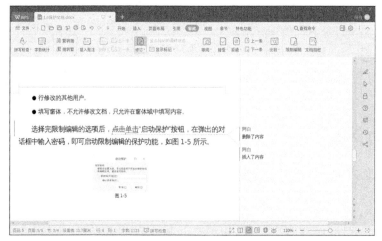

图 1-55

将鼠标指针放到批注框上还可查看批注的修改时间，如图1-56所示。

图 1-56

单击批注框，可以直接选中批注修订的内容，如图 1-57 所示。

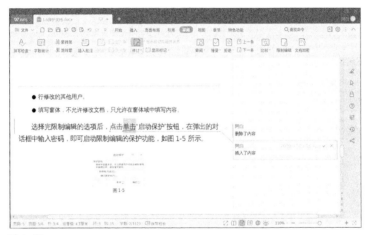

图 1-57

当所有的修订完成之后，用户可以通过审阅功能查看所有的批注和修订。单击"审阅"选项卡，再单击选项卡功能面板中的"审阅"按钮，默认会在文档右侧出现"审阅窗格"并显示审阅记录，如图1-58所示。

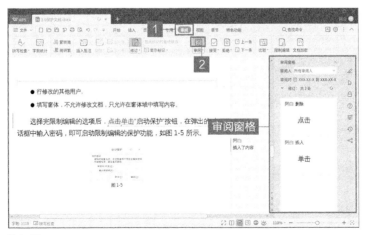

图 1-58

单击"审阅"下拉按钮，可以在弹出的菜单中指定批注的审阅人和审阅时间来快速找到批注，如图 1-59 所示。

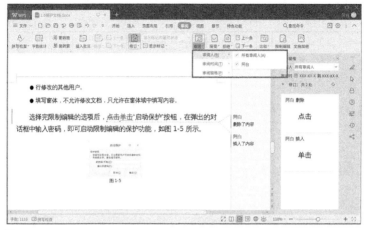

图 1-59

3. 接受或拒绝修订

修订完文档后，用户可以根据实际情况选择接受或拒绝修订，操作方法如下。

打开文档后，单击"审阅"选项卡，再单击选项卡功能面板中的"上一条"按钮或"下一条"按钮，可以定位到当前修订的上一条或下一条，如图 1-60 所示。

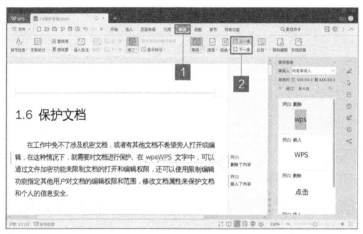

图 1-60

用户可以选择接受修订。在"审阅"选项卡下，单击选项卡功能面板中的"接受"下拉按钮，在弹出的菜单中可以选择"接受修订""接受所有的格式修订"等，如图 1-61 所示。

图 1-61

用户也可以选择拒绝修订。在"审阅"选项卡下，单击选项卡功能面板"拒绝"下拉按钮，在弹出的菜单中可以选择"拒绝所选修订""拒绝所有的格式修订"等，如图 1-62 所示。

图 1-62

审阅完成后，再次单击选项卡功能面板中"修订"按钮即可退出修订状态。

1.6 保护文档

在工作中有时会涉及机密文档，或者有不希望旁人打开或编辑的文档，在这种情况下，就需要对文档进行保护。在 WPS 文字中，用户可以通过文档加密功能来限制文档的打开和编辑权限，还可以使用限制编辑功能指定其他用户对文档的编辑权限和范围，修改文档属性来保护文档和个人的信息安全。

> **提示**
>
> 文档加密和限制编辑为 WPS Office 的公共基础功能，WPS 表格和 WPS 演示也支持该功能。

1.6.1　文档加密

WPS 文字的文档加密功能主要是通过账号和密码的形式来限制文档的操作权限，如果不是指定账号或密码不正确时就会限制用户对文档的操作权限。

1. 账号加密

单击"文件"菜单→"文档加密"→"账号加密"命令，或单击"审阅"选项卡，再单击"文档加密"按钮，就可以打开"文档加密"对话框的"账号加密"选项卡，如图 1-63 所示。

图 1-63

在"账号加密"选项卡下可以添加或删除指定账号，只有账号列表中的账号才有权限操作文档，已添加的账号还可以指定操作权限。除此之外，开启"自动加密"功能后新建的文档都自动使用账号加密，默认只有自己可以打开，需要谨慎使用这个功能。

2．密码加密

在"文档加密"对话框中，单击"密码加密"选项卡，可以分别为文档的打开权限和编辑权限设置密码，并且为打开权限设置密码时还可以设置密码提示。设置密码后再次打开文档时，只有输入正确的密码才能打开文档，如图 1-64 所示。

提示

为编辑权限设置密码后，如果没有密码并不意味着无法基于该文档进行修改，只是在保存的时候需要将文档另存。

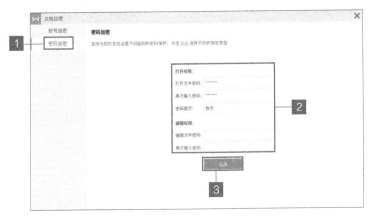

图 1-64

1.6.2　限制编辑

如果只需要限制他人对文档进行修改，可以使用 WPS 文字中的限制编辑功能。

在"审阅"选项卡下，单击"限制编辑"按钮可以打开"限制编辑"窗格，如图 1-65 所示。

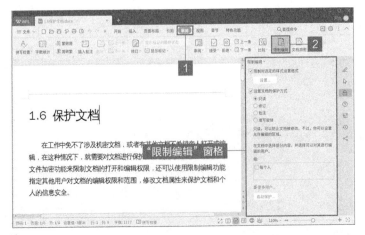

图 1-65

勾选"限制对选定的样式设置格式"复选框，单击下面的"设置"按钮，就可以在图 1-66 所示的"限制格式设置"对话框中选定限制修改的格式。此功能还能限制文档自动应用某些格式。

勾选"限制编辑"窗格中的"设置文档的保护方式"复选框，可以选择文档的保护方式。文档的保护方式有 4 种，具体说明如下。

- 只读：一般情况下不允许修改文档，但用户可设置允许编辑的区域，并选择可进行修改的其他用户。
- 修订：允许修改文档，但修改记录将以修订方式展现。
- 批注：不允许修改文档，只允许插入批注，但用户可设置允许编辑的区域，并选择可进行修改的其他用户。
- 填写窗体：不允许修改文档，只允许在窗体区域中填写内容。

选择完限制编辑的选项后，单击"启动保护"按钮，在弹出的对话框中输入密码，即可启动限制编辑的保护功能，如图 1-67 所示。

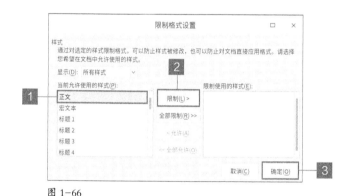

图 1-66

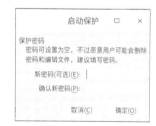

图 1-67

1.7 进阶小妙招：文档误删不用怕，自动恢复帮你忙

相信大家都遇到过这样的情况：辛辛苦苦花了一上午完成的文档，结果在关闭的时候，手一抖就选择了"否"，如图 1-68 所示；又或者突然碰上停电，文档还来不及保存，计算机屏幕就已经陷入一片黑暗……

图 1-68

在工作中免不了会出现这些小意外，那怎么做才能更好地保护自己的劳动成果呢？用好 WPS 文字中的"备份管理"功能，以后就再也不怕没有保存文档或者误删文档了。

单击"文件"菜单→"备份与恢复"→"备份管理"命令，即可打开"备份管理"窗格，如图 1-69 所示。单击其中的"查看其他备份"按钮，即可打开 WPS 文档在本地自动保存的文件夹，找到软件自动保存的文档。当然，大家最好还是养成随时按快捷键【Ctrl+S】保存文档的习惯。

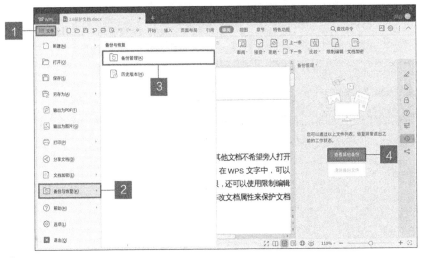

图 1-69

1.8 进阶小妙招：文字输入出错？原来你误按了这个键

一般情况下，输入文本的时候文字会出现在光标所在位置，光标后面的文字会顺位向后移动，但有时候输入文本后会发现，新输入的文本替换了之前的文本。图 1-70 所示为正常情况下输入文本的效果，图 1-71 所示为输入文本出现替换情况的输入效果。

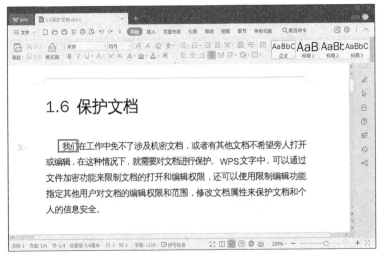

图 1-70

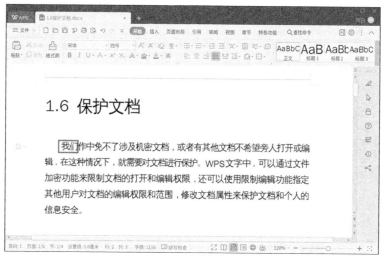

图 1-71

这就非常奇怪了，难道是软件出现故障了吗？其实不是，这有可能是我们在输入文本时不小心按了【Insert】键。因为【Insert】键是插入 / 改写键，且默认为输入状态，若不小心按了它，会变成改写状态，就像上面所说的那样，新输入文字会替换之前的文字，这样可以达到文本整体字符数不变的效果。如果不想使用该功能，再次按【Insert】键即可恢复默认操作。

第**02**章

让文档丰富起来——掌握各元素的插入与编辑方法

用户在掌握了 WPS 文字的基础操作后就可以编辑简单的文档了，但是一篇文档如果只有文字看起来会有些单调，而且有些内容只用文本是无法描述清楚的，因此还需要掌握向文档中插入图片、形状、表格等元素的技巧。灵活运用这些元素不仅可以让文档的内容更加丰富，而且能美化文档。

主要内容

图片的插入与编辑

艺术字的插入与编辑

形状的插入与编辑

智能图形的插入与编辑

进阶小妙招：快速生成公司组织结构图

表格的插入与编辑

进阶小妙招：文本 10 秒变身表格

2.1 图片的插入与编辑

一篇优秀的文章不仅要求文字质量高，往往还会要求图文并茂。合适的配图可以增加文章的可读性和趣味性，避免读者产生视觉疲劳，提高阅读体验。

2.1.1 插入图片

WPS 文字文档支持插入本地文件夹中的图片。打开文档后，单击"插入"选项卡，在选项卡功能面板中单击"图片"按钮，如图 2-1 所示。

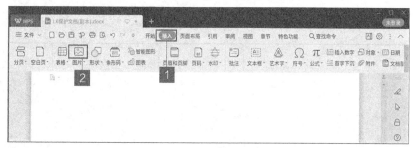

图 2-1

在弹出的文件管理器窗口中，左侧列表默认选择"图片"，在右侧窗格中选择要插入的图片，单击"打开"按钮，即可将图片插入文档中，如图 2-2 所示。

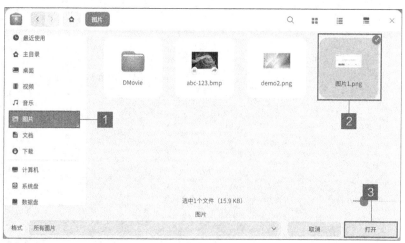

图 2-2

插入后的效果如图 2-3 所示。此时图片的大小和位置都不是很合适，还需要对其进行调整。

2.1.2 调整图片大小

将图片插入文档后，图片可能过大或过小，还需要根据实际情况进行调整。

图 2-3

1. 修改图片尺寸

选中图片，图片上方会出现 8 个控制点，将鼠标指针移动到控制点上，按住鼠标左键拖曳即可放大或缩小图片。例如，将鼠标指针移动到右下角的控制点上，按住鼠标左键向左上方移动，可以等比例缩小图片，缩小后的效果如图 2-4 所示。

图 2-4

> **注意**
>
> 通过控制点调整图片尺寸时，只有图片 4 个角上的控制点是等比例调整图片尺寸的，如果是上 / 下或左 / 右的控制点可能会导致图片变形。

如果对图片尺寸有精确要求，可以选中图片，单击"图片工具"选项卡，在选项卡功能面板中通过单击或输入数值的方式来修改图片的宽度和高度。软件默认勾选"锁定纵横比"复选框，如果对图片比例没有要求可以取消勾选。如果修改图片过程中出现失误，可以单击选项卡功能面板中的"重设大小"按钮，取消对图片做的所有尺寸更改。

2. 裁剪图片

除了通过修改图片尺寸工具修改图片大小外，还可以通过 WPS 文字的裁剪功能来修改图片大小。并且使用裁剪功能还可以将图片裁剪为指定形状和比例。

　　选中图片，单击"图片工具"选项卡，然后单击选项卡功能面板中"裁剪"下拉按钮，在弹出的菜单中可以看到图片支持裁剪的形状，包括矩形、公式形状等，如图 2-5 所示。

图 2-5

　　例如，单击"椭圆"图片，选中的图片将进入裁剪状态，图片上的阴影部分为被裁掉的部分，此时可以将光标移动到右下角的黑色直角上，按住鼠标左键向左上角拖曳，即可调整裁剪区域的大小；将光标移动到图片上未被阴影遮盖的部分，按住鼠标左键拖曳即可调整图片被裁剪的位置；在裁剪状态下，将光标移动到图片四周的控制点上也可以调整图片大小。综合使用上面这 3 种方式直至将图片调整到合适的裁剪区域，如图 2-6 所示。

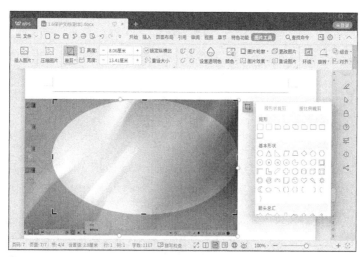

图 2-6

　　按【Enter】键或单击界面任意位置即可进行裁剪，裁剪后的效果如图 2-7 所示。

　　类似地，在"图片工具"选项卡下单击"裁剪"下拉按钮，在弹出的菜单中单击"按比例裁剪"，即可将图片按照指定比例进行裁剪，如图 2-8 所示。

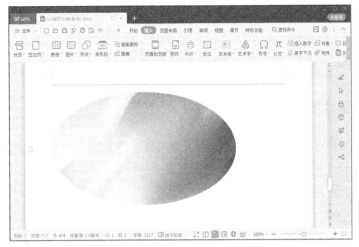

图 2-7

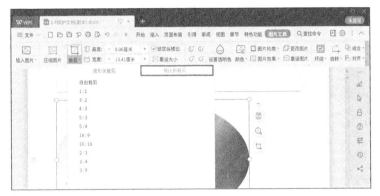

图 2-8

　　除了通过"图片工具"选项卡进入裁剪状态外，还可以先选中图片，然后单击图片右侧出现的快速工具栏中的"裁剪图片"图标按钮快速进入裁剪状态，如图 2-9 所示。

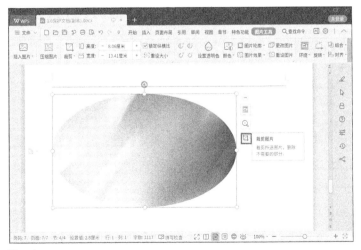

图 2-9

> **提示**
>
> 　　按形状裁剪和按比例裁剪功能可以混合使用，如先选择将图片裁剪为椭圆形，再选择裁剪为 1∶1 的比例，即可将图片裁剪为圆形。

2.1.3　设置图片的环绕方式

图片和文字之间可以有多种关系，如图片可在文字下方成为背景。如果是三角形或圆形的图片，可以通过设置让文字紧贴图片，呈现不规则形状，使整个版面更加活泼。文字文档中图片和文字之间的关系通过布局选项功能进行修改。

选中图片，单击"图片工具"选项卡，单击"环绕"下拉按钮，在弹出的菜单中可以根据实际情况修改文字的环绕方式。这里选择"衬于文字下方"，修改后图片显示在文字的底部，文字的位置不再受图片的位置影响，可以随意通过拖曳调整图片的位置，就像是文字的背景，如图 2-10 所示。

图 2-10

除此之外，还可以选中图片，单击图片右侧快速工具栏中的"布局选项"图标按钮（见图 2-10），在弹出的菜单中选择图片的环绕方式。

2.1.4　设置图片样式

文字文档中的图片可以添加轮廓、阴影和发光等图片效果。

1. 图片轮廓

选中图片，单击"图片工具"选项卡，再单击"图片轮廓"右侧的下拉按钮，在弹出的菜单中可以自定义想要添加轮廓的颜色、线型和虚线线型，还可以通过取色器将图片轮廓颜色设置为图片中的颜色，如图 2-11 所示。

如果不想添加图片轮廓，可以在"图片轮廓"菜单中选择"无线条颜色"去除图片轮廓。

2. 图片效果

WPS 文字还可以对图片添加某种视觉效果，如阴影、发光、倒影和三维旋转等。

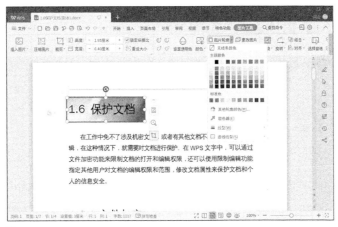

图 2-11

　　选中图片，在"图片工具"选项卡下，单击"图片效果"按钮即可在展开的菜单中为选中图片添加阴影、发光等效果，这里选择添加外部阴影的"右下斜偏移"，如图 2-12 所示。

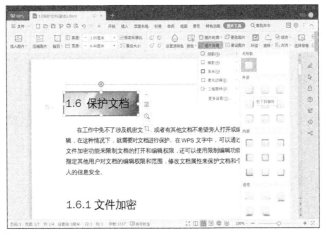

图 2-12

　　添加后图片变得更有立体感，效果如图 2-13 所示。

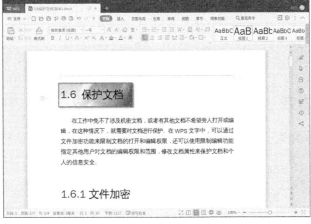

图 2-13

2.2 艺术字的插入与编辑

文字文档中有很多预设的艺术字样式，艺术字可以作为文档标题或标注文档中的重点内容，让文档更加美观。

2.2.1 插入艺术字

单击"插入"选项卡，然后单击"艺术字"按钮，在弹出的菜单中选择一个艺术字预设样式（见图 2-14），在文档中即可插入带有该预设样式的文本框。选中文本框，在其中输入的文字即可应用该预设样式，如图 2-15 所示。

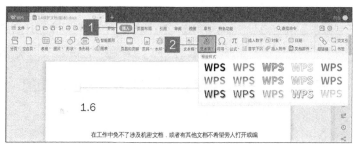

图 2-14

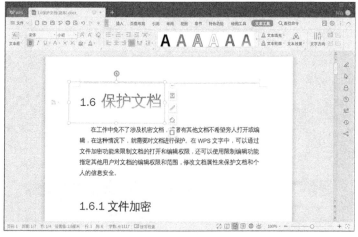

图 2-15

2.2.2 编辑艺术字

选中艺术字的文本框，在"文本工具"选项卡下可以修改艺术字的预设样式，如图 2-16 所示。

选中文本框中的文本后，可以在艺术字预设样式的基础上自定义文本轮廓，设置轮廓的颜色、线型等。如单击"文本工具"选项卡下的"文本轮廓"右侧的下拉按钮，在弹出的菜单中选择轮廓颜色，如图 2-17 所示。类似地，还可以修改艺术字的文本填充、文本效果和文字方向等。

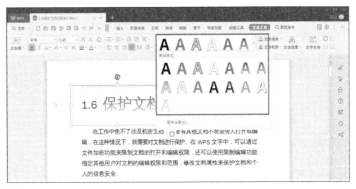

图 2-16

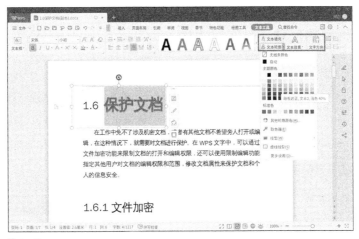

图 2-17

2.3 形状的插入与编辑

在文档中可以插入各种形状和线条，通过形状和线条来注释图片、制作思维导图等。

2.3.1 绘制形状

单击"插入"选项卡，然后单击
选项卡功能面板中的"形状"按钮，
在弹出的菜单中即可选择欲绘制的形
状，如这里选择绘制的是"矩形"，如
图 2-18 所示。

此时，光标变为十字形状，按住
鼠标左键不放拖曳鼠标即可绘制一个
矩形，如图 2-19 所示。

图 2-18

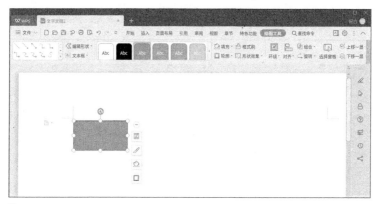

图 2-19

2.3.2　旋转和移动形状

创建的形状可以通过旋转和移动来调整位置。

旋转形状的方法有两种：第一种是选中形状，在"绘图工具"选项卡功能面板中单击"旋转"按钮，在弹出的菜单中可以选择向左（向右）旋转 90° 或水平（垂直）翻转；第二种是将光标移到形状上方的旋转箭头上，按住鼠标左键不放拖曳即可自由旋转形状，如图 2-20 所示。将光标移动到矩形的边框上，按住鼠标左键不放拖曳即可移动形状。

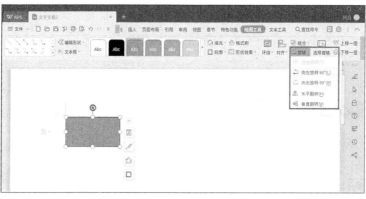

图 2-20

2.3.3　调整形状外观和样式

选中矩形，单击"绘图工具"选项卡，在选项卡功能面板中单击"编辑形状"按钮，在展开的菜单中可以选择"更改形状"或"编辑顶点"来调整形状的外观，如图 2-21 所示。

例如，选择"更改形状"中"箭头总汇"下的"燕尾形"图案，即可将圆角矩形更改为燕尾形状，如图 2-22 所示。

在"绘图工具"选项卡功能面板中有很多预设的形状样式，单击即可应用到选中的图形上，也可以单击"填充""轮廓"或"形状效果"右侧的下拉按钮，自定义设置形状的样式，如图 2-23 所示。

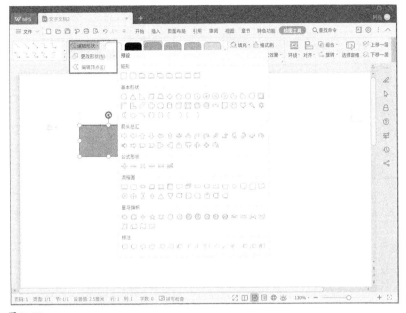

图 2-21

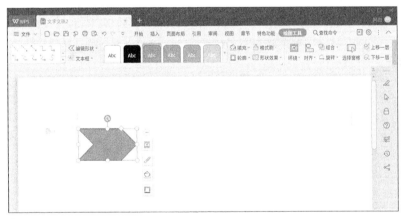

图 2-22

图 2-23

2.3.4　对齐形状并输入文本

　　下面使用燕尾形做一个流程图。选中形状后通过快捷键【Ctrl+C】和快捷键【Ctrl+V】可以复制出多个一样的形状，调整好形状的位置后可以看到形状排列得并不整齐，如图 2-24 所示。通过手动调整或多或少都会存在一些误差，此时可以使用对齐功能对齐形状。

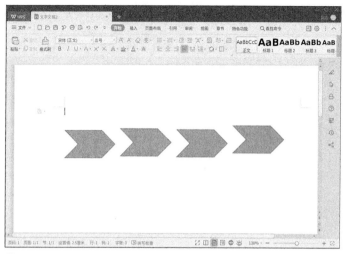

图 2-24

　　首先应选中所有需要对齐的形状，单击选中第一个形状，按住【Ctrl】键不放，再单击第二个、第三个形状，直至选中所有形状。

　　单击"绘图工具"选项卡，在选项卡功能面板中单击"对齐"下拉按钮，在弹出的菜单中进行选择；或选中所有形状后，形状上方会弹出快速工具栏，其中有多种对齐方式可供选择，如图 2-25 所示。

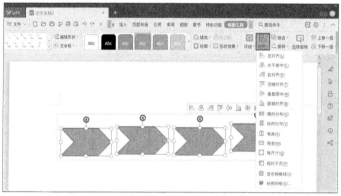

图 2-25

　　这里在快速工具栏中单击"顶部对齐"按钮，再单击"水平分布"按钮，这 4 个形状即可在保持顶部对齐的同时横向均匀分布在页面上，效果如图 2-26 所示。

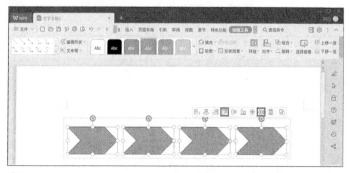

图 2-26

调整好形状样式和位置后，单击形状内部即可在形状中输入文本，如图 2-27 所示。选中形状中输入的文字，在"文本工具"选项卡下还可以设置文本的字体属性和段落属性。

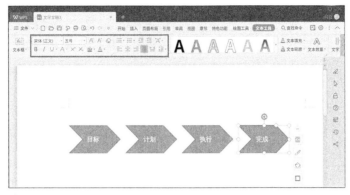

图 2-27

2.4　智能图形的插入与编辑

灵活利用智能图形可以将信息直观地表现出来，如人员结构、项目流程等，使文档既美观又清晰。

2.4.1　插入智能图形

单击"插入"选项卡，在选项卡功能面板中单击"智能图形"按钮，弹出"选择智能图形"对话框。选择智能图形，在对话框的右侧可以看到智能图形的名字和详细说明，单击"确定"按钮，即可插入智能图形，这里选择的是"组织结构图"，如图 2-28 所示。

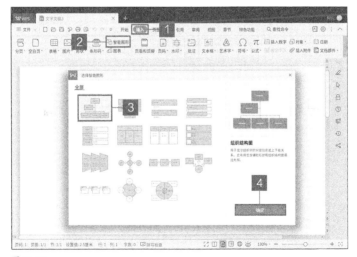

图 2-28

插入后的效果如图 2-29 所示。

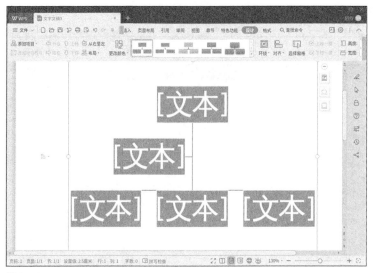

图 2-29

2.4.2　添加项目

插入的智能图形由一个个项目组成，是一个基础图形。有时项目的数量不能满足需求，可以在智能图形的基础上添加项目。选中其中一个项目，单击"设计"选项卡，然后单击"添加项目"按钮，或应用项目右侧的快速工具栏添加项目，如图 2-30 所示。

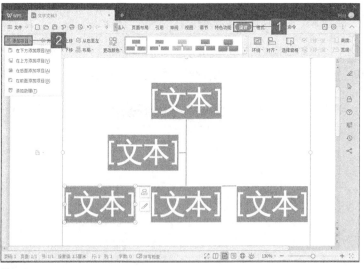

图 2-30

2.4.3　调整智能图形的布局

选中智能图形中的项目，单击"设计"选项卡，在选项卡功能面板中可以通过"升级""降级""上移""下移""从右至左"和"布局"按钮根据实际情况来调整智能图形的布局，如图 2-31 所示。

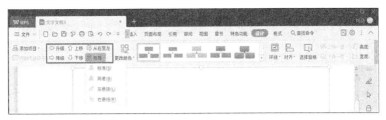

图 2-31

2.4.4 设置智能图形样式

选中智能图形，单击"设计"选项卡，在选项卡功能面板中单击"更改颜色"按钮，在弹出的
菜单中即可修改智能图形的主题色，如图 2-32 所示。

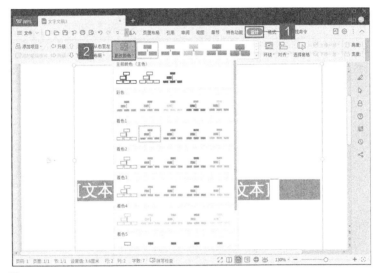

图 2-32

除此之外，还可以单击修改智能图形的预设样式，修改后的效果如图 2-33 所示。

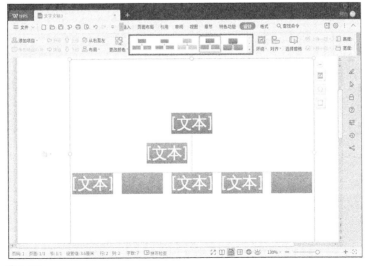

图 2-33

2.5 进阶小妙招：快速生成公司组织结构图

描述公司组织结构时使用一大段文字往往不如一张结构图来得清晰。使用智能图形可以快速生成公司组织结构图。

单击"插入"选项卡，在选项卡功能面板中单击"智能图形"按钮，在弹出的"选择智能图形"对话框中选择"组织结构图"，如图 2-34 所示。

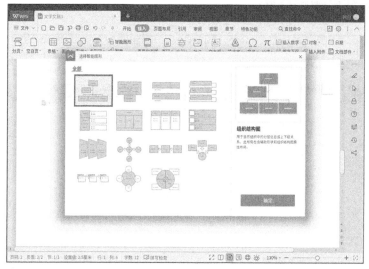

图 2-34

单击"确定"按钮，即可在页面中插入组织结构图。在"设计"选项卡下，单击"添加项目"按钮并单击"从右至左"按钮调整智能图形的布局，如图 2-35 所示。

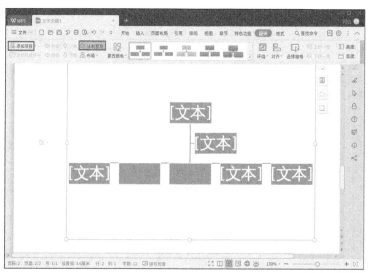

图 2-35

单击项目输入文本，即可生成公司组织结构图，如图 2-36 所示。

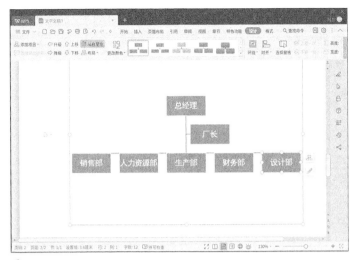

图 2-36

2.6 表格的插入与编辑

WPS 文字中可以插入表格，利用表格可以收集数据、制作简历等。

2.6.1 表格的插入

单击"插入"选项卡，然后单击"表格"按钮，在展开的菜单中有 3 种方法插入表格。

方法一：选择"表格"菜单中的格子即可在页面中插入表格，如图 2-37 所示。

方法二：单击"表格"菜单中的"插入表格"，在弹出的"插入表格"对话框中设置表格尺寸和列宽选择，单击"确定"按钮即可插入表格，如图 2-38 所示。

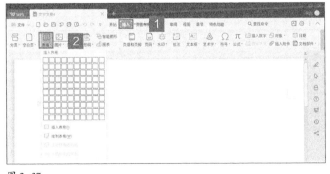

图 2-37

图 2-38

方法三：单击"表格"菜单中的"绘制表格"，光标变为画笔形状，按住鼠标左键拖曳，在表格右下角显示表格的列数和行数，松开鼠标左键即可插入表格，如图 2-39 所示。

再次在"表格"菜单下单击"绘制表格"，或单击"表格工具"选项卡下的"绘制表格"按钮，即可退出绘制表格状态。

图 2-39

2.6.2 表格的基本操作

创建完表格后，可以通过插入、拆分、合并、自动调整等方法，根据实际内容调整表格中单元格的数量和大小。

1. 插入

创建完表格后，将光标插入表格中，单击"表格工具"选项卡，在选项卡功能面板中单击"在上方插入行""在下方插入行""在左侧插入列"或"在右侧插入列"按钮，即可在光标所在位置的上 / 下或者左 / 右插入一行或一列表格；或单击鼠标右键，在弹出的快捷菜单中选择"插入"，在子菜单中根据实际情况选择插入行或列，如图 2-40 所示。

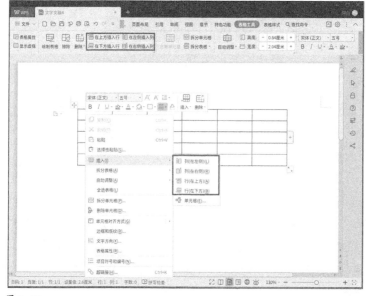

图 2-40

2．拆分或合并表格

　　将光标插入单元格中，单击"表格工具"选项卡，然后单击"拆分单元格"按钮，或单击鼠标右键，在弹出的快捷菜单中选择"拆分单元格"，弹出"拆分单元格"对话框，根据实际情况选择想要拆分的行数和列数。这里"列数"设为"2"，"行数"设为"1"，单击"确定"按钮，如图2-41所示。

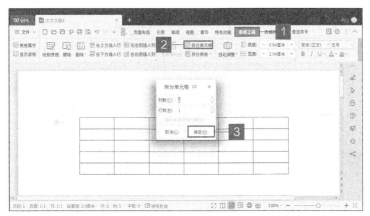

图 2-41

　　拆分后的单元格如图 2-42 所示。

图 2-42

　　合并单元格需要先选中至少两个单元格。单击"表格工具"选项卡，然后单击"合并单元格"按钮，或在表格上单击鼠标右键，在弹出的快捷菜单中选择"合并单元格"，即可将选中的单元格合并，如图 2-43 所示。

3．自动调整

　　使用表格的自动调整功能可以一键调整表格中单元格的大小。选中表格，单击"表格工具"选项卡，然后单击"自动调整"按钮，在展开的菜单中可以根据实际情况选择"适应窗口大小""根据内容调整表格""行列互换""平均分布各行"或"平均分布各列"，如图 2-44 所示。

图 2-43

图 2-44

选中某项后自动调整表格单元格的大小。如选择"根据内容调整表格",效果如图 2-45 所示。

图 2-45

4．调整单元格

除了通过自动调整功能来调整单元格的大小外，还可以手动调整表格中单元格的大小。将光标移动到表格的横向或纵向的边框线上，按住鼠标左键向上／下或向左／右拖曳即可调整表格的行高或列宽，或在"表格工具"选项卡下设置"高度"和"宽度"的数值精准调整表格的行高或列宽，如图 2-46 所示。

图 2-46

2.6.3　表格的美化

创建的表格不具备任何样式，看上去会比较单调，可根据实际情况添加表格样式来美化表格。

1．边框和底纹

选中整个表格或将光标插入表格中，单击"表格样式"选项卡，然后单击选项卡功能面板中预设好的主题样式，效果如图 2-47 所示。

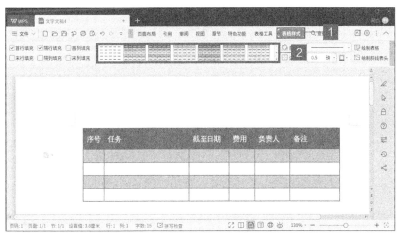

图 2-47

除此之外，还可以自定义表格的边框和底纹。将光标插入想要添加边框和底纹的单元格中或选中多个单元格，单击"表格样式"选项卡，在选项卡功能面板中，单击"底纹"右侧的下拉按钮，在弹出的菜单中选择一个主题颜色，即可设为表格的底纹颜色，如图 2-48 所示。

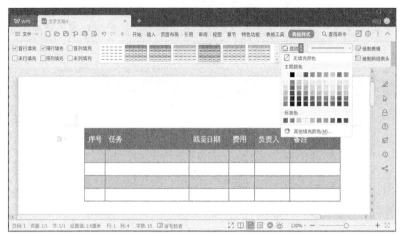

图 2-48

单击"边框"右侧的下拉按钮，在弹出的菜单中选择相应的项即可添加或取消选中单元格上、下、左、右的边框，如图 2-49 所示。类似地，在"表格样式"选项卡下还可以设置表格的线型、线的粗细和颜色。

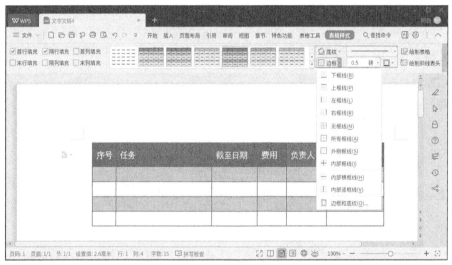

图 2-49

2. 文字方向

有时表格表头在左侧，只有很细的一列，默认情况下文字会出现错位的现象，看起来非常不美观，但是怎么调整表格的宽度都无法让表格内的文字对齐，此时可以调整文字方向。调整文字方向的方法有两种。

方法一：选中表格中错位文字所在的单元格，单击"表格工具"选项卡，然后单击"文字方向"，在展开的菜单中可以选择其中一种方式调整文字的方向，如图 2-50 所示。

图 2-50

调整后的效果如图 2-51 所示。

方法二：选中表格中的文字后单击鼠标右键，在弹出的快捷菜单中选择"文字方向"，在弹出的"文字方向"对话框中选择合适的文字方向，在对话框的右侧还可以预览调整后的效果，单击"确定"按钮即可，如图 2-52 所示。

图 2-51

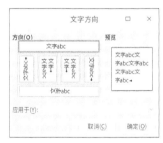

图 2-52

2.7　进阶小妙招：文本 10 秒变身表格

有时一大段文字看起来不如一个表格清晰。如果已经有一大段文字，在创建表格时，将文本粘贴到表格中不仅麻烦，而且还浪费时间。使用这个小妙招，不论多少文字内容都能一键转换成表格。下面以调整员工信息表为例来演示这个小妙招。

在转换为表格前需要对文本信息中不同的文本元素进行简单的处理，让它们具备一定的规律。可以使用段落标记、逗号、空格、制表符或自定义符号将不同信息分隔开，这里使用的是空格。调整后的信息如图 2-53 所示，看起来不是特别整齐。

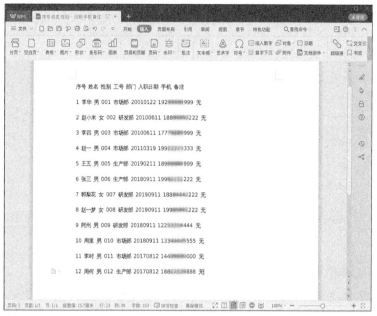

图 2-53

使用快捷键【Ctrl+A】将文字全部选中，单击"插入"选项卡，然后单击"表格"按钮，在展开的菜单中选择"文本转换成表格"，如图 2-54 所示。

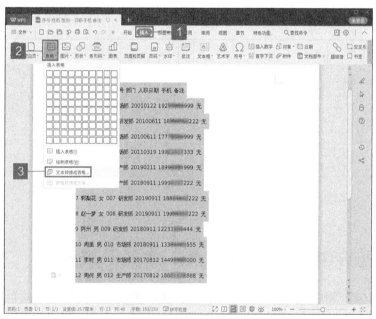

图 2-54

在弹出的"将文字转换成表格"对话框中设置转换后表格的列数和行数，以及文字分隔位置，单击"确定"按钮，如图 2-55 所示。

文字瞬间变为表格，如图 2-56 所示。

图 2-55

序号	姓名	性别	工号	部门	入职日期	手机	备注
1	李华	男	001	市场部	20010122	192[illegible]999	无
2	赵小米	女	002	研发部	20100611	188[illegible]222	无
3	李四	男	003	市场部	20100611	177[illegible]999	无
4	赵一	男	004	市场部	20110319	199[illegible]333	无
5	王五	男	005	生产部	20190211	189[illegible]999	无
6	张三	男	006	生产部	20180911	199[illegible]222	无
7	郭梨花	女	007	研发部	20190911	188[illegible]222	无
8	赵一梦	女	008	研发部	20190911	199[illegible]222	无
9	阿州	男	009	研发部	20180911	122[illegible]444	无
10	周里	男	010	市场部	20180911	133[illegible]555	无
11	李时	男	011	市场部	20170812	144[illegible]000	无
12	周何	男	012	生产部	20170812	188[illegible]888	无

图 2-56

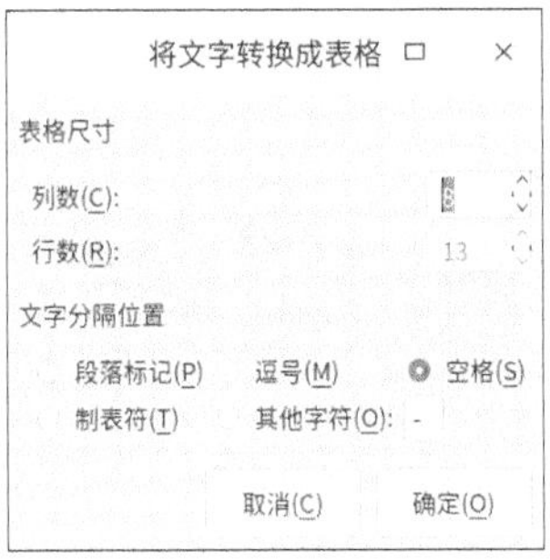

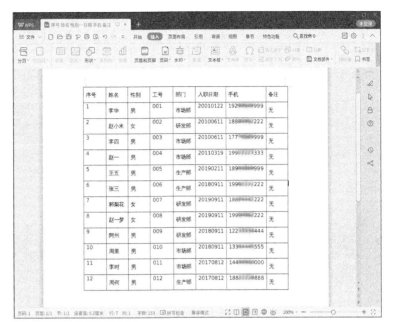

第03章

美化文档——掌握排版技能

经过前两章的学习后，读者基本上可以掌握文档的编辑方法了，文档的内容也可以通过各种元素丰富起来，但是整体效果看起来可能还不是特别理想。别担心，WPS文字其实具备简单的排版功能，它虽然比不上专业的排版软件，但是从美化文档的角度来看基本上可以满足大部分用户的需求。

3.1 页面的设置

WPS 文字默认使用的页面背景颜色一般为白色。就像纸张有 A4 和 A5 等不同规格一样，页面的大小是可以根据实际情况进行设置的。

3.1.1 设置纸张大小

创建或打开文档后，单击"页面布局"选项卡，在选项卡功能面板中单击"纸张大小"按钮，在弹出的菜单中可以修改当前文档页面的大小，如图 3-1 所示。

如果要使用特定的页面大小，单击"纸张大小"菜单下的"其他页面大小"，在弹出的"页面设置"对话框的"纸张"选项卡下即可自定义纸张的宽度和高度，如图 3-2 所示。

图 3-1（注：图中"其它"应为"其他"，后图同。） 图 3-2

3.1.2 设置页边距

页边距指的是一段文档内容或整篇文档内容与页面边线之间的距离。通常输入的文字和图片所在的区域就是页边距的内部，某些项目也可以放置在页边距区域中，如页眉、页脚和页码等。

单击"页面布局"选项卡，在选项卡功能面板中单击"页边距"按钮，在弹出的菜单中可以根据实际情况设置页边距。默认情况下，页边距为"普通"，如图 3-3 所示。

也可以单击"页边距"菜单中的"自定义页边距"，在弹出的"页面设置"对话框中自定义上、下、左、右的页边距。如果要打印装订文档的话，可以设置装订线的位置及装订线宽，还可以修改纸张方向、页码范围及设置应用的范围，如图 3-4 所示。

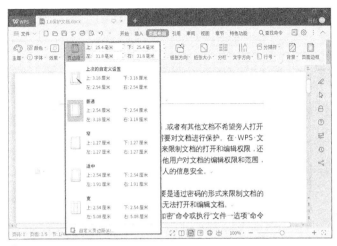

图 3-3

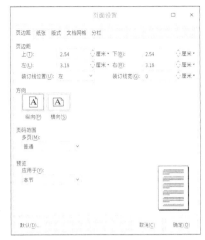

图 3-4

3.1.3 添加水印

在一些专用的文档后面一般会印着公司的名称或标识水印，在一些保密文件上还可以看到"机密""绝密"等字样的水印。水印能起到传递信息、宣传推广、提示文档性质等作用，很多场合都需要使用。

单击"插入"选项卡，在选项卡功能面板中单击"水印"按钮，在弹出的菜单中可以看到有很多预设好的水印，单击即可添加到文档中，如这里选择"严禁复制"预设水印，如图 3-5 所示。

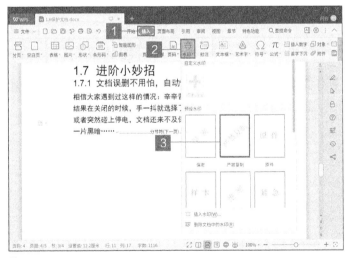

图 3-5

添加后的效果如图 3-6 所示。如果想去掉水印，单击"水印"菜单下的"删除文档中的水印"即可。

如果预设的水印无法满足需求，可以单击"水印"菜单中的"点击添加"按钮，自定义图片水印或文字水印。

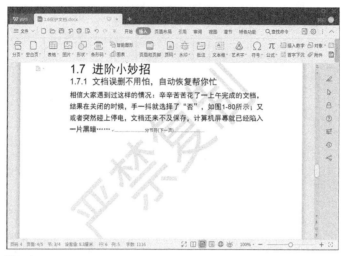

图 3-6

3.2 字体的设置

在创建文档后，输入的文字会直接应用默认的字体设置，包括字体、字号、字体效果和字符间距，这些都可以根据实际情况进行调整。

3.2.1 设置字体和字号

设置字体和字号的方法有两种，操作方法如下。

方法一：选中想要修改字体和字号的文字，单击"开始"选项卡，单击选项卡功能面板中的字体下拉按钮，在下拉列表框中选择合适的字体，如选择"方正标雅宋简体"，如图 3-7 所示。

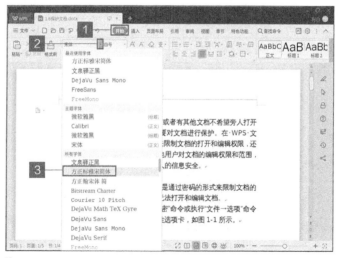

图 3-7

单击选项卡功能面板中的字号下拉按钮，在下拉列表框中选择合适的字号，如"四号"，如图 3-8 所示。

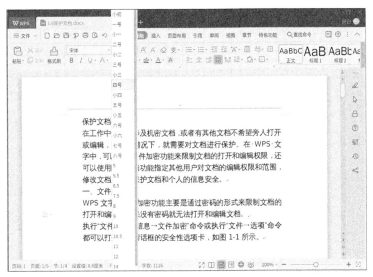

图 3-8

方法二：单击"字体组"右下角的对话框启动器按钮，如图 3-9 所示。打开"字体"对话框，默认显示的是"字体"选项卡，在"中文文体"下拉列表框中选择"方正标雅宋简体"，在"字形"下拉列表框中选择"常规"，在"字号"下拉列表框中选择"四号"，然后单击"确定"按钮即可，如图 3-10 所示。

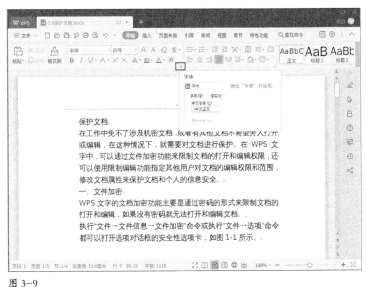

图 3-9

图 3-10

3.2.2　设置不同的字体效果

文档中的文字可以添加加粗、倾斜、下划线等效果。

选中文档中的内容，单击"开始"选项卡，单击选项卡功能面板中的"加粗"图标按钮即可为文字添加加粗效果，如图 3-11 所示。类似地，单击"倾斜""下划线""删除线"等图标按钮即可为选中文字添加相应的效果。

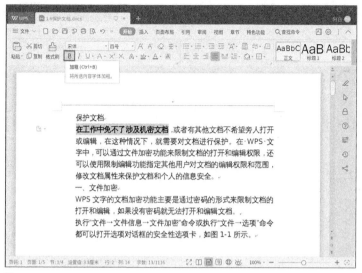

图 3-11

3.2.3 设置字符间距

字符间距可以使文档中的页面布局更加合理。设置字符间距的操作步骤如下。

选中文本内容"保护文档",单击"开始"选项卡,单击选项卡功能面板中"字体组"右下角的对话框启动器按钮,如图 3-12 所示。

打开"字体"对话框,单击"字符间距"选项卡。在"间距"下拉列表框中选择"加宽"选项,在"间距"后面的"值"微调框中输入"3",在"值"单位的下拉列表框中选择"毫米",单击"确定"按钮即可,如图 3-13 所示。

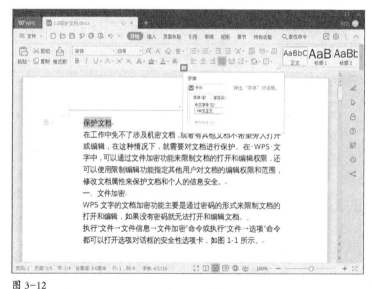

图 3-12

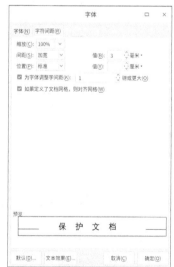

图 3-13

调整后的效果如图 3-14 所示。

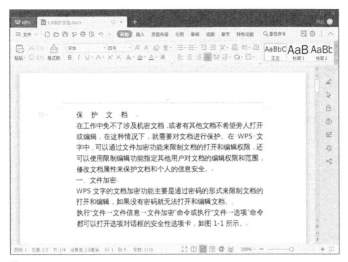

图 3-14

3.3　段落的设置

文档中输入的文本默认是两端对齐的效果，但是一般情况下，不同的内容有着不同的段落格式需求，例如文章的标题是居中的，正文的每段开头都需要缩进两个字符。虽然通过【Space】键也可以实现这样的效果，但是这个方法无疑是非常低效的。此时，可以通过段落设置来实现。

3.3.1　设置对齐方式

段落的对齐方式可以使用"开始"选项卡下的"段落组"进行设置，也可以通过"段落"对话框进行设置，操作方法如下。

方法一：打开某个文档，选中文本内容"保护文档"，切换至"开始"选项卡，在选项卡功能面板中单击"居中"图标按钮，如图 3-15 所示。类似地还可以设置左对齐、右对齐和两端对齐。

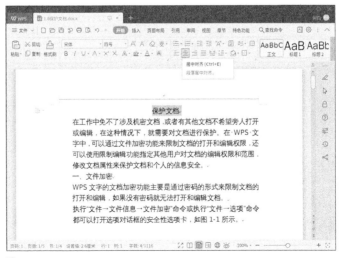

图 3-15

　　方法二：选中文档中的段落或文字，切换至"开始"选项卡，单击选项卡功能面板中"段落组"右下角的对话框启动器按钮，如图 3-16 所示。

　　打开"段落"对话框，切换至"缩进和间距"选项卡，在"常规"组合框中的"对齐方式"下拉列表框中选择"居中对齐"选项，如图 3-17 所示。

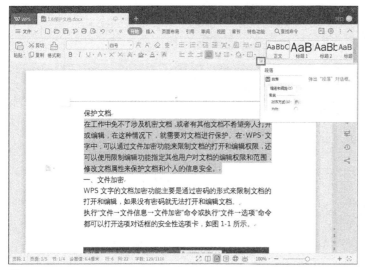

图 3-16

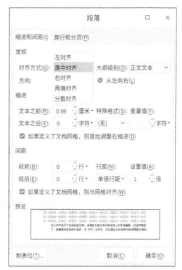

图 3-17

　　单击"确定"按钮，设置结果如图 3-18 所示。

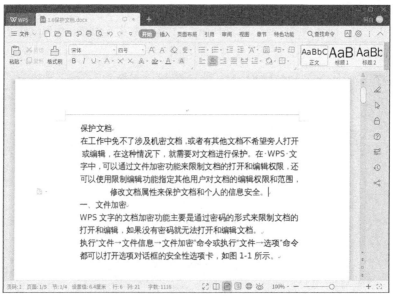

图 3-18

3.3.2　设置段落缩进

　　设置段落缩进其实就是调整文档正文内容与页边距之间的距离。设置段落缩进的方法如下。

方法一：选中某段内容，单击"开始"选项卡，在选项卡功能面板中单击"增加缩进量"图标按钮，如图 3-19 所示。

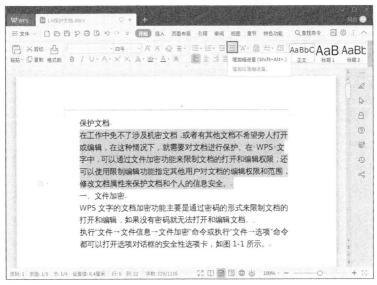

图 3-19

可以发现选中的文本段落向右侧缩进了一个字符，如图 3-20 所示。

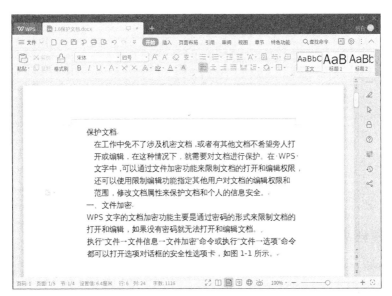

图 3-20

　　方法二：选中文档中的正文文本，单击"开始"选项卡，单击选项卡功能面板中"段落组"右下角的对话框启动器按钮或单击鼠标右键，选择"段落"，如图 3-21 所示。

　　打开"段落"对话框，在"缩进和间距"选项卡下的"缩进"组合框中的"特殊格式"下拉列表框中选择"首行缩进"选项，设置"度量值"为"2"字符，其他设置保持不变，在"预览"框中可以看到设置效果，如图 3-22 所示。

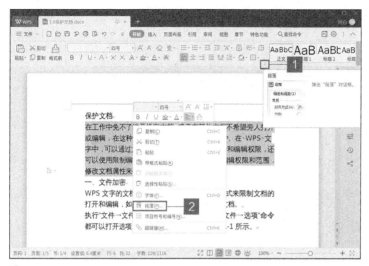
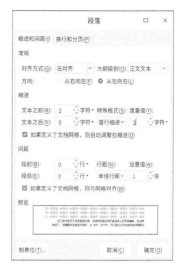

图 3-21

图 3-22

单击"确定"按钮，设置效果如图 3-23 所示。

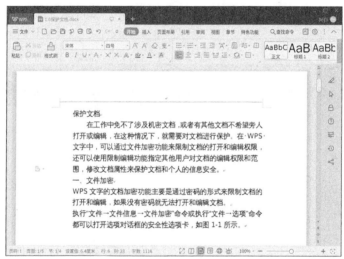

图 3-23

3.3.3 设置段落间距

在 WPS 文字中间距可以是行与行之间、段落与行之间、段落与段落之间的距离。如果文档的内容文字较多，间距又非常小，读者阅读起来会非常困难，此时可以适当地调整段落间距，让每行文字之间能有一个"呼吸"的空间，这样读者阅读起来就不会感觉太吃力。设置段落间距的方法如下。

方法一：打开某文档，选中全篇文档，单击"开始"选项卡，单击选项卡功能面板中的"行距"图标按钮，在弹出的菜单中选择"1.5"，文档内容之间的行距就变成了 1.5 倍行距，如图 3-24 所示。

方法二：打开某文件，选中全篇文档，单击"开始"选项卡，单击选项卡功能面板中"段落组"右下角的对话框启动器按钮。打开"段落"对话框，默认在"缩进和间距"选项卡下，在"间距"

组合框中的"段前""段后"微调框中将间距值调整为"1"行,在"行距"下拉列表框中选择"单倍行距"选项,"设置值"微调框自动变为"1"倍,如图 3-25 所示。

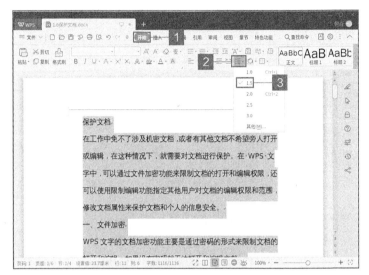

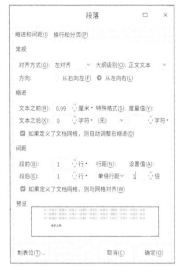

图 3-24   图 3-25

调整后的效果如图 3-26 所示。

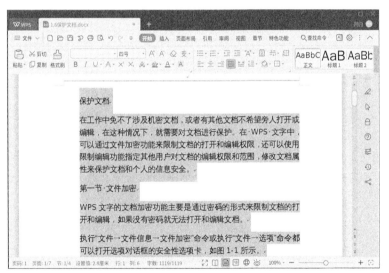

图 3-26

3.3.4 设置分页

有时新的一段内容需要出现在下一页上,一直按【Enter】键直到文字移到新的页面是用户一般会想到的一种方法。但其实这可以通过插入分页符来实现。

打开某个文档,找到需要分页的文字,将光标插入下一页内容最开始的部分,如图 3-27 所示。

单击"页面布局"选项卡,单击选项卡功能面板中的"分隔符"按钮,在弹出的下拉菜单中选择"分页符"或使用快捷键【Ctrl+Enter】,如图 3-28 所示。

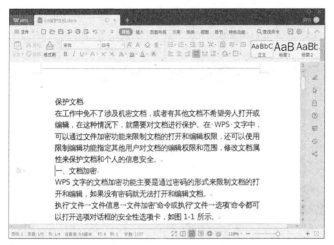

图 3-27

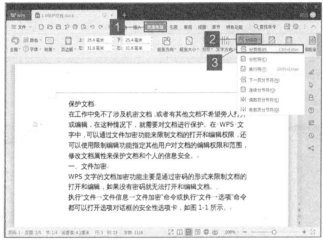

图 3-28

此时在文档中插入了一个分页符，光标之后的文本自动切换到下一页。如果在文档中看不到分页符，可以单击"文件"菜单→"选项"命令，在"选项"对话框的"视图"选项卡下勾选"格式标记"组合框下的"全部"复选框，单击"确定"按钮即可看到分页符，如图 3-29 所示。

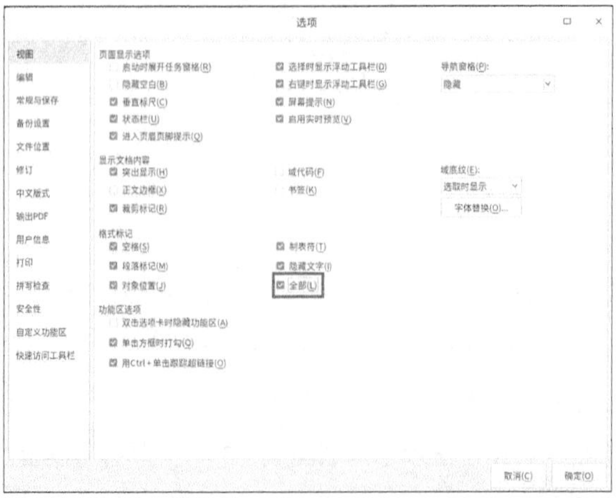

图 3-29

此时文档界面可以看到页面中插入的分页符，如图 3-30 所示。

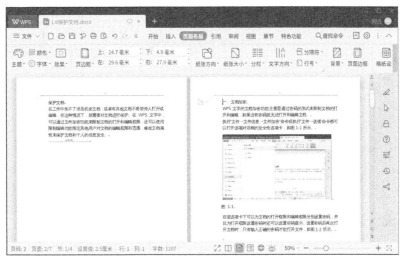

图 3-30

3.3.5　添加项目符号和编号

项目符号和编号可以使文档的层次结构更清晰、更有条理。

打开某文档，选中需要添加项目符号的文本，单击"开始"选项卡，单击选项卡功能面板中"项目符号"图标右侧的下拉按钮，在弹出的下拉菜单中选择一种合适的符号，如"方形"，即可在文本前插入方形的项目符号，如图 3-31 所示。

图 3-31

选中需要添加编号的文本，单击选项卡功能面板中"编号"图标右侧的下拉按钮，在弹出的下拉菜单中选择一种合适的编号，即可在文档中插入编号，如图 3-32 所示。在插入项目符号的段落按【Enter】键，下一段文本会自动按照顺序添加编号。

图 3-32

3.4 进阶小妙招：快速排版小技巧

在前面章节中讲解了如何进行段落的设置，除了那些方法外，WPS 还有一些既简单又实用的快速排版功能，文字工具和段落布局工具，下面分别进行详细介绍。

3.4.1 文字工具

使用文字工具可以对文字快速地进行重新排版。

单击"开始"选项卡，在选项卡功能面板中单击"文字工具"下拉按钮可以看到文字工具的 11 个功能，如图 3-33 所示。

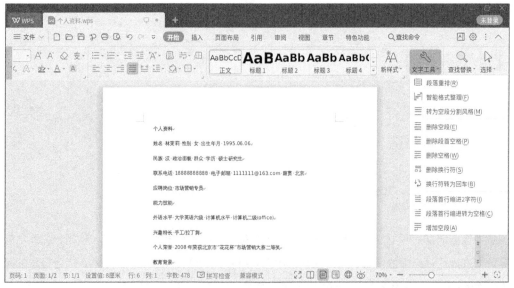

图 3-33

以个人资料文档为例，介绍文字工具的功能，如图 3-34 所示。

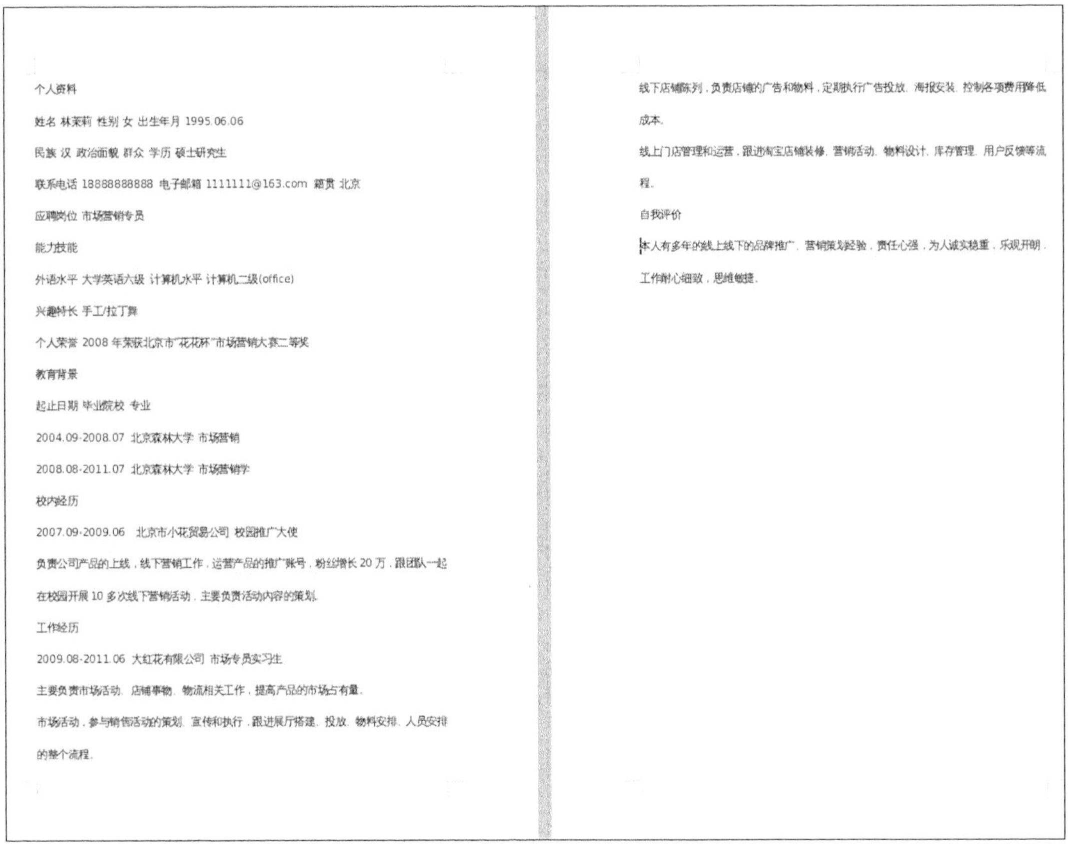

图 3-34

- 段落重排：将段落恢复为无排版格式，在文档格式比较乱的时候可以使用，方便对文字重新进行排版，如图 3-35 所示。

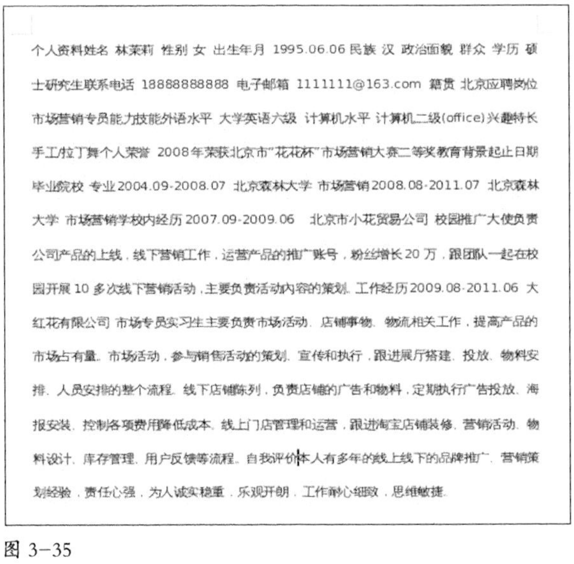

图 3-35

● 智能格式整理：软件会自动根据内容重新进行排版，如图 3-36 所示。

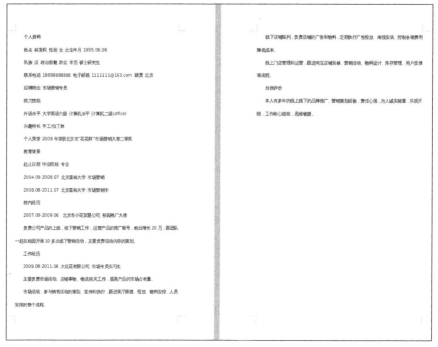

图 3-36

● 转为空段分割风格：在各自然段之间空一段来分割，并且每段内容顶格排版，符合用户网络阅读习惯，如图 3-37 所示。

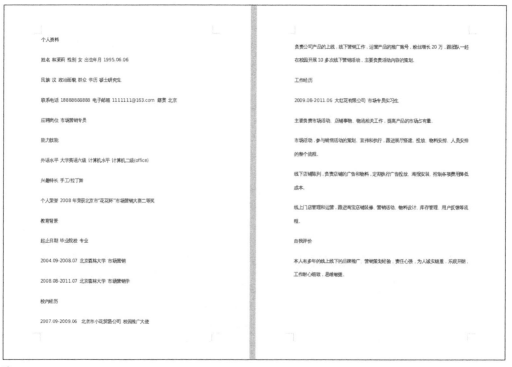

图 3-37

- 删除空段：删除文档中没有文字内容的段落。

- 删除段首空格：仅删除段首的空格。

- 删除空格：删除文档中所有的空格。

- 删除换行符：删除文档中所有的换行符。

- 换行符转为回车：将文档中所有的换行符转换为回车。

> **提示**
>
> 　　换行符文字换行但是不分段，上下行仍是一个段落；回车文字分段，表示一个段落的结束。

- 段落首行缩进 2 字符：文档中所有段落首行缩进 2 个字符。

- 段落首行缩进转为空格：将段落的首行缩进转换为空格。

- 增加空段：在每个段落中间增加一个空的段落，与转为空段分割风格的区别是，它不会去掉段落首行缩进顶格排版。

3.4.2　段落布局

在排版时，可以使用段落布局工具快速地对段落进行美化。

单击"开始"选项卡，在选项卡功能面板中单击"显示 / 隐藏编辑标记"按钮，勾选"显示 / 隐藏段落布局按钮"，如图 3-38 所示。

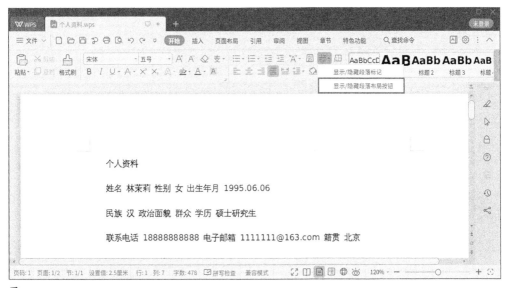

图 3-38

在光标所在的段落左侧，可以看到"段落布局图标"，如图 3-39 所示。

单击"段落布局图标"会出现段落选中框，如图 3-40 所示。

拖动边框中间的三角箭头可以对这个段落进行编辑，拖曳段落上下的三角箭头可以调整段前和段后的间距；拖曳左右的三角箭头调整段落的左缩进和右缩进。移动段落前行首的小竖线，还可以调整段落的缩进。调整完后，双击灰色段落外的任意位置或单击段落右上角的 ⊗ 按钮即可退出段落布局。

图 3-39

图 3-40

3.5 应用样式

样式就像是模具，可以快速设置文档格式，灵活应用样式可以大大提高工作效率。用户可以应用 WPS 文字中的内置样式，也可以创建新样式。

3.5.1 套用内置样式

WPS 文字自带了一个样式库，用户可以直接套用里面的内置样式设置文档格式，操作方法如下。

打开某个文档，将光标插入文档的一级标题中或选中一级标题，单击"开始"选项卡，单击选项卡功能面板中"新样式"组右侧的对话框启动器按钮，如图 3-41 所示。

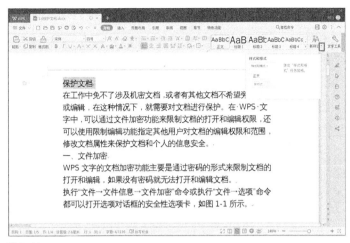

图 3-41

这时弹出"样式和格式"窗格，从中选择合适的样式，如选择"标题1"，如图 3-42 所示。

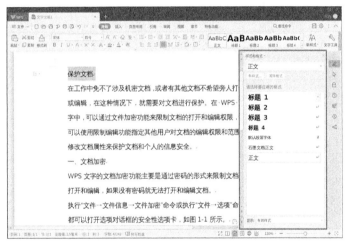

图 3-42

一级标题的设置效果如图 3-43 所示。

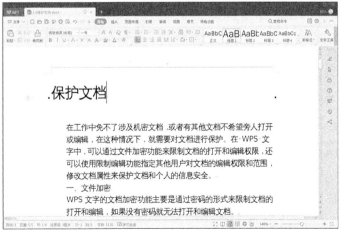

图 3-43

使用同样的方法，可以设置二级标题的样式为"标题2"，二级标题的设置效果如图3-44所示。

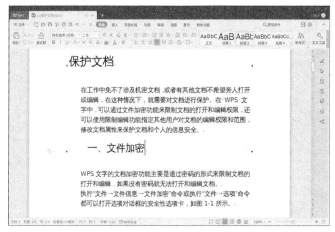

图 3-44

单击"视图"选项卡，在选项卡功能面板中单击"导航窗格"按钮，在界面左侧会弹出"目录"窗格，可以看到设置了标题样式的文本，单击可以快速定位到标题，如图3-45所示。

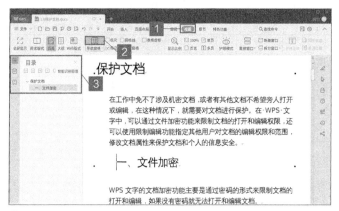

图 3-45

3.5.2　新建样式

除了直接使用样式库中的样式外，用户还可以根据实际需求自定义样式。自定义的样式，不仅可以是标题样式，还可以是新的图片样式、表格样式或列表样式等。下面以新建图片样式为例讲解新建样式的操作方法。

单击选项卡功能面板中的"新样式"按钮，如图3-46所示。

图 3-46

弹出"新建样式"对话框，在"名称"文本框中输入新样式的名称"图"，在"后续段落样式"下拉列表框中选择"图"，在"格式"组合框中单击"居中"图标按钮，然后单击"格式"按钮，如图 3-47 所示。

在弹出的菜单中选择"段落"，如图 3-48 所示。

弹出"段落"对话框，默认在"缩进和间距"选项卡下，在"间距"组合框中设置图片与上下文之间的间距。在"段前"微调框中输入"1"行，在"段后"微调框中也输入"1"行，单击"确定"按钮，如图 3-49 所示。

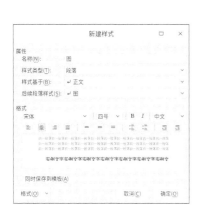

图 3-47

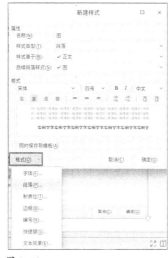

图 3-48

图 3-49

单击选项卡功能面板中"新样式"组右侧的对话框启动器按钮，此时新建样式"图"已经显示在样式模板中，如图 3-50 所示。

图 3-50

选中图片，单击"图"选项，图片会自动应用该样式，如图 3-51 所示。

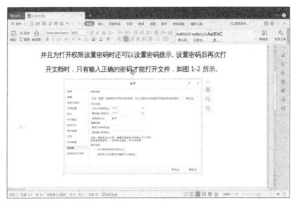

图 3-51

3.5.3 修改样式

内置样式和自定义样式都可以随时进行修改，修改样式的操作方法如下。

将光标定位在正文文本中，单击"开始"选项卡，单击选项卡功能面板中"新样式"组右侧的对话框启动器按钮，弹出"样式和格式"窗格，然后单击"正文"右侧的下拉按钮，在弹出的下拉菜单中选择"修改"，如图 3-52 所示。

弹出"修改样式"对话框，正文样式的设置如图 3-53 所示。

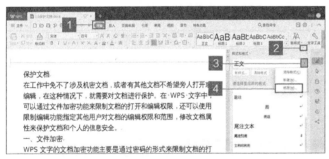

图 3-52

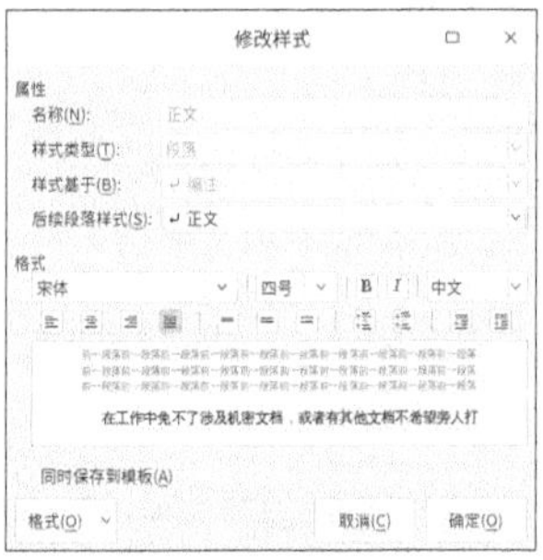

图 3-54

与新建样式类似，单击"格式"按钮，在弹出的下拉菜单中选择"字体"，如图 3-54 所示。

弹出"字体"对话框，默认在"字体"选项卡下，在"中文字体"下拉列表框中选择"方正标雅宋简体"选项，其他设置保存不变，单击"确定"按钮，如图 3-55 所示。

图 3-53

图 3-55

返回"修改样式"对话框，单击"确定"按钮，此时文档中正文格式的文本以及基于正文格式的文本都自动应用了新的正文样式。

3.6　设置页面的页眉和页脚

页眉和页脚常用于显示文档的附加信息，方便定位、查找内容，在 WPS 文字的页眉和页脚中既可以插入文本，也可以插入图片。

3.6.1　插入页眉和页脚

在页眉或页脚处双击，此时页眉和页脚同时处于编辑状态，同时激活"页眉和页脚"选项卡，如图 3-56 所示。

单击"页眉和页脚"选项卡，单击选项卡功能面板中的"页眉页脚选项"按钮，弹出"页眉 /页脚设置"对话框，勾选"奇偶页不同"复选框，单击"确定"按钮，如图 3-57 所示。

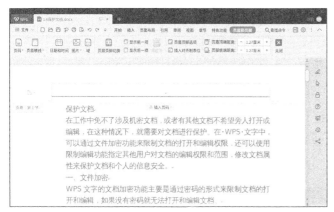

图 3-56

图 3-57

编辑页眉和页脚的方法类似，这里以编辑页眉为例。在文档第 1 页的页眉处输入"保护文档"，如图 3-58 所示，同理在第 2 页的页眉处输入"WPS 文字"。

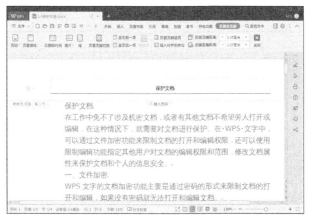

图 3-58

单击"页眉和页脚"选项卡功能面板中的"关闭"按钮，即可退出页眉和页脚编辑状态。最终文档的奇数页页眉的效果如图 3-59 所示。文档的偶数页页眉的效果如图 3-60 所示。

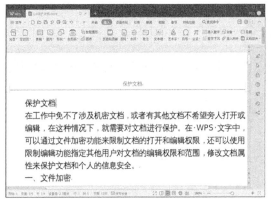

图 3-59

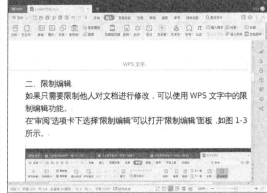

图 3-60

3.6.2　设置页码

为了使文档便于浏览和打印，用户可以在页脚处插入并编辑页码。

默认情况下，WPS 文字从首页开始插入页码，具体的操作步骤如下。

切换至"插入"选项卡，单击选项卡功能面板中的"页码"按钮，在弹出的下拉菜单中选择"页码"，如图 3-61 所示。

打开"页码"对话框，在"样式"下拉列表框中选择"-1-,-2-,-3-…"选项，然后单击"确定"按钮即可，如图 3-62 所示。

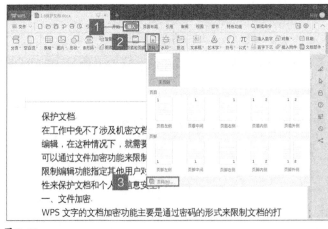

图 3-61

图 3-62

设置页码后的效果如图 3-63 所示。

除了上述方法外，在 WPS 文字中还可以使用页码工具快速添加页码。

双击页面底部，单击"插入页码"按钮，设置页码样式、位置、选择应用范围，这里使用的是默认设置，如图 3-64 所示。

084

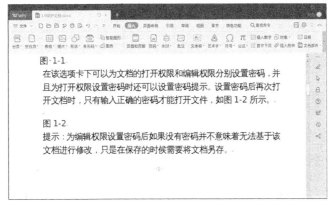

图 3-63

图 3-64

单击"确定"按钮，可以看到页码添加后的效果。如果页码设置不符合需求，可以单击"重新编号"按钮进行调整；也可以单击"删除页码"按钮，选择删除页码的范围。图 3-65 所示的是单击"删除页码"按钮后的效果。调整完成后，单击"开始"选项卡功能面板中的"关闭"按钮即可。

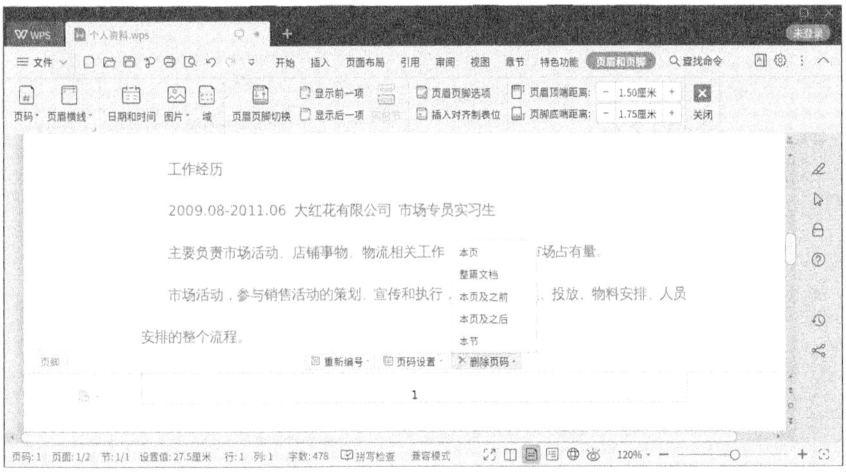

图 3-65

3.7 制作目录

就像图书的目录一样，WPS 文字中也可以添加目录用于索引，方便用户快速定位。

3.7.1 应用内置目录样式

WPS 文字使用大纲级别来划分文档的层次结构，大纲级别是段落所处层次的级别编号，因此需要先设置段落的大纲级别才能生成目录。

1. 设置大纲级别

WPS 文字内置的标题样式中的大纲级别都是默认设置的，应用了标题样式的文档可以直接生成目录，用户也可以自定义大纲级别。设置大纲级别的具体操作步骤如下。

打开文档，将光标定位在一级标题的文本上，切换至"开始"选项卡，单击选项卡功能面板中"新样式"右下角的对话框启动器按钮，如图 3-66 所示。

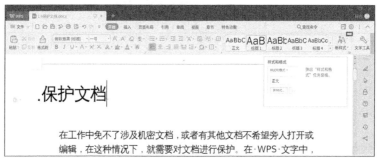

图 3-66

弹出"样式和格式"窗格，在样式列表框中选择"标题 1"选项，然后单击鼠标右键，在弹出的快捷菜单中选择"修改"，如图 3-67 所示。

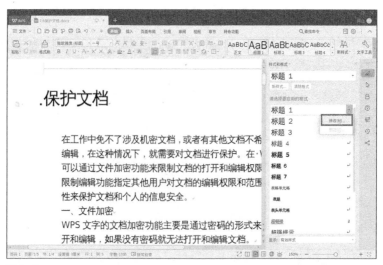

图 3-67

这时弹出"修改样式"对话框，单击"格式"按钮，在弹出的下拉菜单中选择"段落"，如图 3-68 所示。

这时弹出"段落"对话框，默认在"缩进和间距"选项卡下，在"常规"组合框中的"大纲级别"下拉列表框中选择"1 级"选项，然后单击"确定"按钮，如图 3-69 所示。

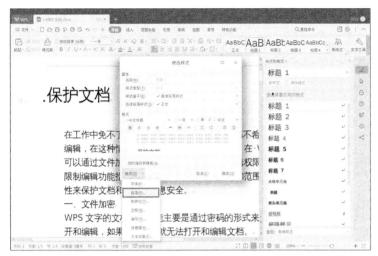 

图 3-68　　　　　　　　　　　　　　　　　　　　　　　　图 3-69

返回"修改样式"对话框，再次单击"确定"按钮即可。使用同样方法，将"标题 2"的大纲级别设置为"2 级"。

2. 生成目录

大纲级别设置完毕，接下来就可以生成目录了。应用内置目录样式的具体操作步骤如下。

将光标插入文档中第一行的行首，单击"引用"选项卡，单击选项卡功能面板中的"目录"按钮，在展开的菜单中选择一种内置目录样式即可，如图 3-70 所示。

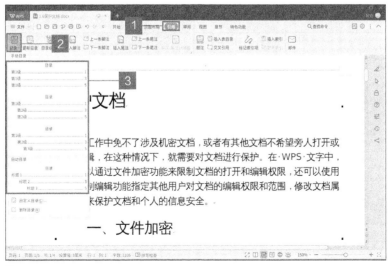

图 3-70

此时在光标所在位置自动生成了一个目录，效果如图 3-71 所示。

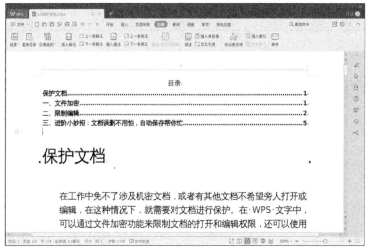

图 3-71

> **提示**
>
> 内置目录样式一般都添加了超链接，按住【Ctrl】键，单击目录中对应的标题即可直接跳转到文档中对应的位置。

3.7.2　自定义目录

如果内置的目录样式无法满足需求，用户还可以根据需要自定义目录。

单击"引用"选项卡，单击选项卡功能面板中的"目录"按钮，在展开的菜单中选择"自定义目录"，如图 3-72 所示。

在弹出的"目录"对话框中可以根据实际情况调整目录的制表符前导符、显示级别等，在右侧的"打印预览"中可以看到自定义的目录效果，如图 3-73 所示。单击"确定"按钮即可插入自定义目录样式。

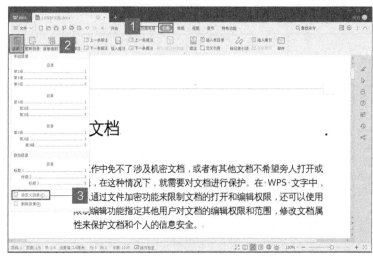

图 3-72

图 3-73

3.7.3　更新目录

在编辑或修改文档的过程中，如果文档内容发生了变化，就需要更新目录。

例如，将文档中的第一个二级标题文本改为"第一节 加密文档"，同理其他小节的标题文本也可修改。

更新目录的具体操作如下。

单击"引用"选项卡，单击选项卡功能面板中的"更新目录"按钮，目录根据文档内容自动进行了更新，效果如图 3-74 所示。

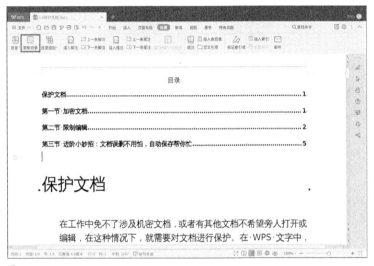

图 3-74

第**04**章

多快好省——批量文件的制作攻略

有些 WPS 文字文档，如转正通知、听课证明、录取通知书等，大部分信息是一样的，只是因为接收人不同所以需要制作很多份。一般情况下，利用复制粘贴的方法，然后再根据不同的接收人修改里面的信息即可，只做几份的话不会花很多时间，但如果是上百份、上千份呢，想想就让人头疼。别担心，WPS 文字中的邮件合并功能可以一键批量处理这类文档，让工作效率翻倍。

主要内容

制作批量文件的准备工作

模板文件的排版

批量生成文件

4.1 制作批量文件的准备工作

在使用邮件合并功能制作批量文件前需要先准备好两个文档，一个是要制作的 WPS 文字文档的模板，另一个是汇总了模板中待填入信息的 WPS 表格文档。本章以批量制作工作证明为例，所以 WPS 文字文档是一个工作证明模板，如图 4-1 所示。在下一节将详细讲解工作证明模板的排版方法。

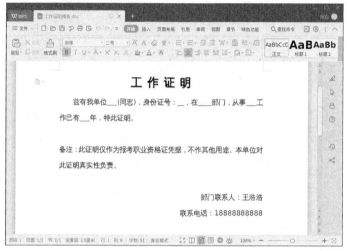

图 4-1

WPS 表格文档是针对工作证明模板待填入信息汇总制作的员工信息表，如图 4-2 所示。因为还没有讲到 WPS 表格，所以这里提供了一个名为"员工信息表"的素材。

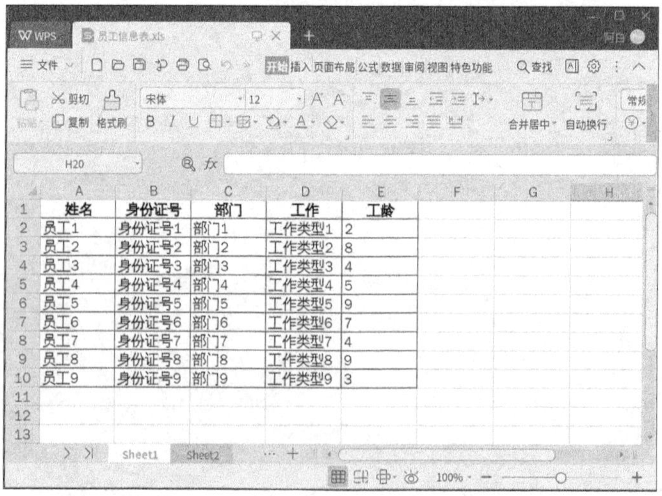

图 4-2

4.2 模板文件的排版

在排版前，需要先将工作证明模板的所有内容输入文档，如图 4-3 所示。此时文档的标题和正文区分不明显，段落的内容也没有首行缩进，整体看着很不规范。在排版时，将工作证明的内容整体分为4 个部分，即标题、正文、备注和联系信息，分别对其格式进行调整。下面详细讲解它们的排版方法。

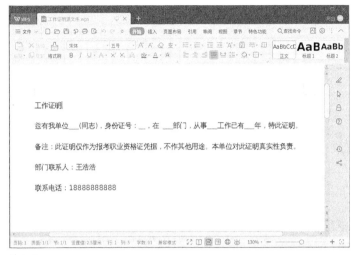

图 4-3

　　首先调整标题，一般情况下，标题处于文档的正中间，且字号、字间距比正文大，从而与正文区分开。因此这里先选中标题，然后单击"开始"选项卡功能面板中的"居中对齐"图标按钮，单击"字号组"右侧的下拉按钮，在弹出的下拉列表框中将字号设为"二号"，并设置加粗效果，如图 4-4 所示。

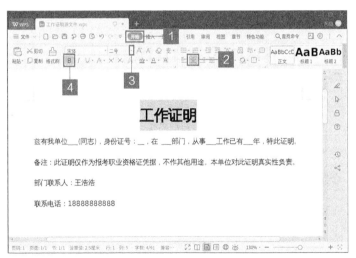

图 4-4

　　将标题的位置和大小设置好后，再调整标题的字间距，这样标题不会显得拥挤。选中文字，单击"字体组"右下角的对话框启动器按钮，弹出"字体"对话框，单击"字符间距"选项卡，设置"间距"为"加宽"，在间距"值"文本框中输入"0.1"，单位为厘米，单击"确定"按钮，如图 4-5 所示。

　　标题的样式设置完毕，效果如图 4-6 所示。

　　再调整正文、备注和联系信息的内容，因为它们之间的区别不需要像标题那样明显，所以选中除标题外的所有内容，设置字号为"四号"，如图 4-7 所示。

图 4-5

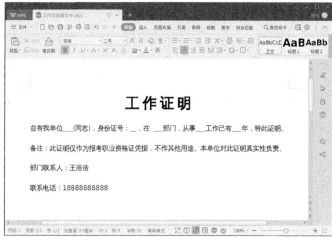

图 4-6

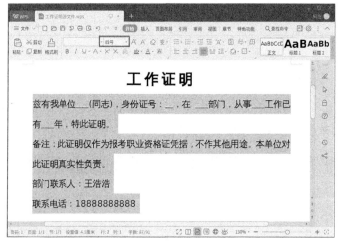

图 4-7

将光标分次插入"工作证明""特此证明。""负责。"的后面，按【Enter】键，在不同性质的内容区中间插入一个空行，将它们区分开，让相同性质的内容有一个亲密性，效果如图 4-8 所示。

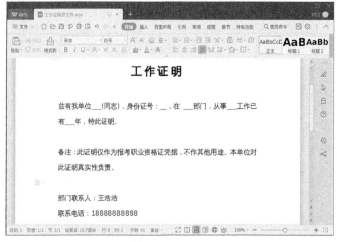

图 4-8

正文内容需要首行缩进两个字符，因为内容不多这里将光标插入段首，按两次【Space】键即可，如图 4-9 所示。

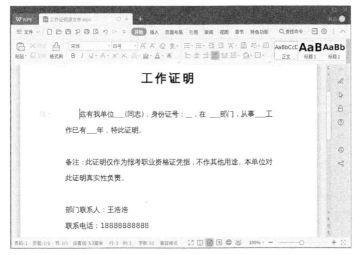

图 4-9

选中联系信息，单击"右对齐"按钮。至此工作证明的排版完毕，效果如图 4-10 所示。

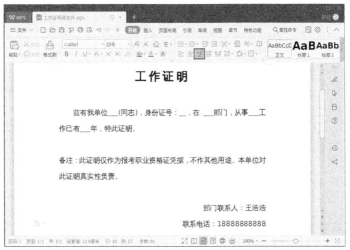

图 4-10

4.3　批量生成文件

在做好准备工作后，就可以开始使用邮件合并功能批量生成文件了。

打开制作好的"工作证明模板"文件，单击"引用"选项卡，在选项卡功能面板中单击"邮件"按钮，如图 4-11 所示。

在"邮件合并"选项卡下单击"打开数据源"按钮，在弹出的"文件管理器"对话框中找到并选中准备好的"员工信息表"，单击"打开"按钮，如图 4-12 所示。

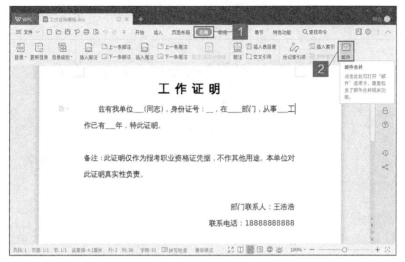

图 4-11

图 4-12

在弹出的"选择表格"对话框中单击"确定"按钮，如图 4-13 所示。

图 4-13

将光标插入第一个空位上，单击"邮件合并"选项卡下的"插入合并域"按钮，如图 4-14 所示。

在弹出的"插入域"对话框中选择"姓名"，也就是 WPS 表格中与模板对应的内容，单击"插入"按钮，如图 4-15 所示。

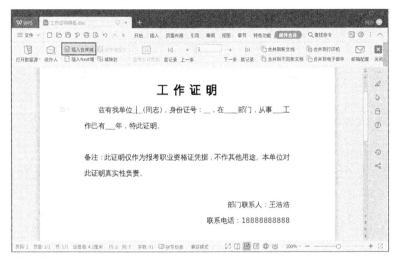

图 4-14　　　　　　　　　　　　　　　　　　　　图 4-15

效果如图 4-16 所示。

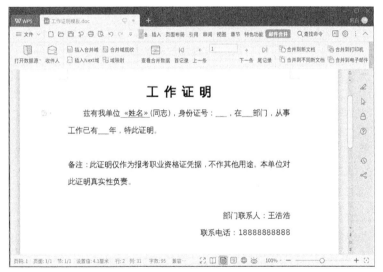

图 4-16

单击"插入域"对话框的"关闭"图标按钮，将光标插入下一个空位上，使用同样的方法插入其他信息，如图 4-17 所示。

单击选项卡功能面板中的"查看合并数据"按钮即可查看插入后的效果，可以单击"首记录""尾记录""上一条""下一条"按钮来查看不同数据的插入效果，如图 4-18 所示。

确认插入的数据没问题后，可以单击"合并到新文档"按钮，将批量生成的数据保存到一个文档中，也可以单击"合并到不同新文档"按钮将数据保存到不同的文档中，这里以后者为例。单击"合并到不同新文档"按钮，在弹出的"合并到不同新文档"对话框中选择以"姓名"作为新文档的文件名方便查找，根据实际情况设置"文件位置"，也就是生成的新文档保存的文件夹，"合并记录"

一般情况下使用默认设置的"全部"，也可以根据情况进行设置，如图 4-19 所示。

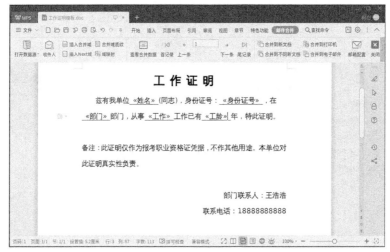

图 4-17

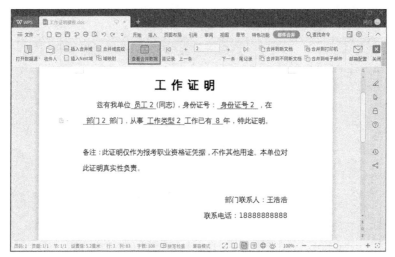

图 4-18

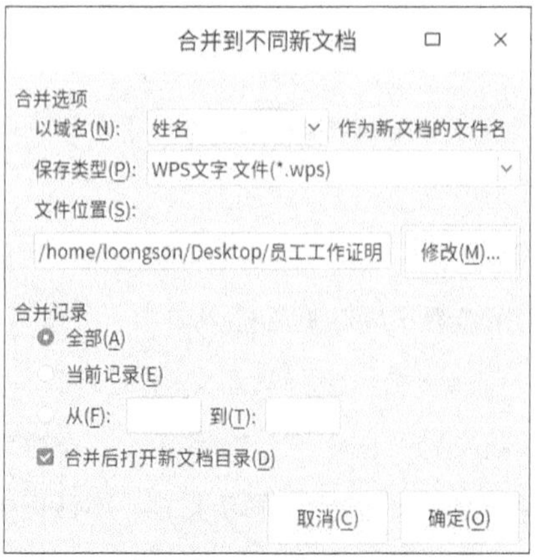

图 4-19

　　打开"文件位置"的文件夹，如果在"合并到不同新文档"对话框勾选了"合并后打开新文档目录"，该文件夹会自动打开，可以看到已经批量生成了表格中所有员工的工作证明文档，如图 4-20 所示。

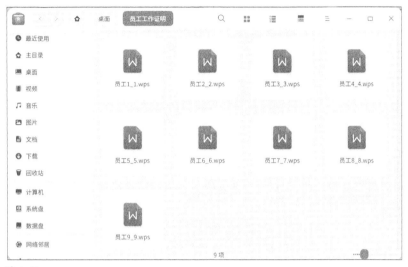

图 4-20

第 05 章

第一眼打动 HR——个人简历的制作攻略

在网络发达的今天，企业大多通过网络来发布招聘信息，寻求珍贵的人才，而求职者也希望能通过网络找到理想的工作。简历就像是一座高架桥，将招聘者和求职者连接了起来。它的好坏将直接影响到求职者能否抓住求职机会。本章主要分为两个部分，先讲制作简历前的准备工作，然后讲如何在 WPS 中制作表格式简历。

主要内容

制作个人简历的准备工作

表格式简历的制作

5.1 制作个人简历的准备工作

简历相当于求职者的一份个人广告，这份"广告"如何才能让人力资源（HR）看第一眼的时候就被打动呢？关键就在于你的信息应匹配你要应聘的岗位。信息是否匹配是由求职者的个人情况和对应岗位的需求决定的，而简历所肩负的任务就是把求职者的匹配信息准确、高效地传达出去。

现在很多人在制作简历的时候会陷入一个误区，就是追求视觉上的酷炫而忽略了信息的有效传达。但是对很多常年招聘的 HR 而言，过多的视觉元素会干扰他们筛选简历中的有用信息。制作简历是为了找工作，而决定一个人是否能获得面试机会的人是 HR，因此要懂得换位思考，多从 HR 的角度来思考如何编写和制作简历。

由此，一份高质量的简历需要做到的就是简洁精练、重点突出，它需要满足以下 3 个基本规则。

（1）简历篇幅尽量不超过一页

当 HR 同时收到大量简历时，他会希望简历的格式尽量标准一些。因为很多公司在面试时会将求职者的简历打印成纸质版，便于面试官随时查看；超过一页的简历会增加 HR 分拣、装订的工作量，或者存在面试中简历弄混的风险。同时，大量的信息也会增加 HR 筛选信息的工作量，还可能让部分看惯了一页纸简历的 HR 感到不适。

（2）简历文字精练、重点突出

简历中要避免长篇大论的自我总结、评价等，尽量做到文字精练；应花更多的精力去描述你的实习或工作中的亮眼经历，尽量用数字说话。同时在简历中可以通过划分区域、加粗关键字等设计，尽量突出重点信息，让 HR 一下子就能找到你想表达的关键内容。

（3）简历排版整洁、无低级错误

简历的排版整洁指的是不使用五颜六色的图标和模块分割线，不浪费空间去写无用的信息，而且简历中切忌出现错别字、表述重复等低级错误。试想一下，一个自我评价"工作认真细致"的人的简历里屡屡出现错别字会给 HR 留下怎样的印象呢？因此在制作完简历后，一定要进行细致的检查和修正。

针对以上制作简历的要点，这里总结了一个用 WPS 文字高效制作个人简历的流程，如图 5-1 所示。

图 5-1

首先明确求职目标，了解目标岗位的用人需求，并针对性地找到与自身相匹配的有效信息，即简历的重点信息。其次划分简历的内容区域，重点信息应至少占简历 1/2 的篇幅。再次添加简历的内容，注意文字的精简凝练。接着对简历的关键信息进行格式上的处理，进一步凸显重点。最后对简历进行必要的美化和文字的检查与修正。

5.2 表格式简历的制作

表格式简历格式规范，条理清晰，能够直观地展示求职者的信息，适用于应聘大部分的基础岗位，如秘书、会计等。同时，表格式简历制作起来相对简单，不会使求职者耗费太多时间在简历的设计和制作上。

下面就按照上面的简历制作流程，来为应届硕士研究生林茉莉制作一个完整的表格式简历，如图 5-2 所示。

图 5-2

5.2.1 表格内容整理

制作简历首先需要确定求职目标和简历展示重点。林茉莉本科与硕士研究生就读的专业都是市场营销，有相关的校内和实习经历，因此她的求职目标是市场营销专员，而简历的展示重点就是她在市场营销工作方面的能力及经验。

下面就先将简历内容的文本在 Word 中整理出来，按照个人资料、能力 / 技能、教育背景、校内经历、工作经历和自我评价 6 个部分来写。文字整理后效果如图 5-3 所示。

图 5-3

5.2.2　表格式简历的制作与布局

　　在文字都整理好以后，就可以开始着手表格的制作。首先需要确定表格的大概行数和列数。从文本来看，除去 6 个部分的标题，正文一共有 23 行，因此表格行数初定为 23 行；因为个人资料部分信息比较零碎，所以需要划分的列较多，列数可以以该部分为基础，初定为 8 列。执行"插入"→"表格"→"插入表格"命令，在"插入表格"对话框中设置表格的行数和列数，如图 5-4 所示。单击"确认"按钮，完成初始表格的创建，如图 5-5 所示。

图 5-4

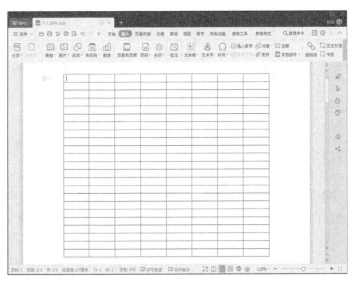

图 5-5

按照上述 6 个部分对表格进行调整，调整中需要用到合并单元格和拆分单元格的功能。合并单元格需要先选中目标单元格，再单击鼠标右键，在弹出的快捷菜单中选择"合并单元格"即可，如图 5-6 所示。

图 5-6

拆分单元格的操作与合并单元格类似，选中目标单元格后，单击鼠标右键，在弹出的快捷菜单中选择"拆分单元格"，然后在弹出的"拆分单元格"对话框中设置拆分的行数或列数即可，如图 5-7 所示。

调整好的表格如图 5-8 所示。

将简历的内容填入表格中，得到原始状态的表格式简历，如图 5-9 所示。

图 5-7

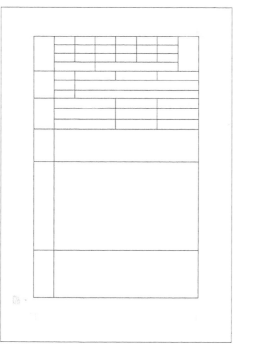

图 5-8

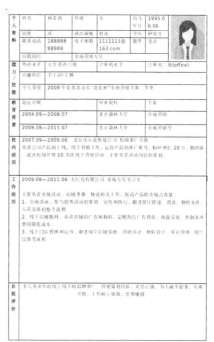

图 5-9

5.2.3 表格式简历的美化

到上面的阶段，表格式简历的雏形已经完成了，接下来就是对简历进行美化，提升简历的视觉体验，突出重点。

将内容填入表格后文字默认为顶端对齐，这样看起来不仅显得个人简历内容比较少，不够饱满，而且整体看起来也不是很美观。此时可以按快捷键【Ctrl+A】选中整个表格，在表格上单击鼠标右键，在弹出的快捷菜单中选择"表格属性"，然后在弹出的"表格属性"对话框中选择"单元格"选项卡，选择"居中"，单击"确定"按钮，即可将表格中的内容全部上下居中显示，如图 5-10 所示。

图 5-10

再根据实际情况调整表格的大小，让表格整体更加美观，调整后如图 5-11 所示。

个人资料	姓名	林某莉	性别	女	出生年月	1995.06.06	
	民族	汉	政治面貌	群众	学历	研究生	
	联系电话	18888888888	电子邮箱	1111111@163.com	籍贯	北京	
	应聘岗位		市场营销专员				

能力/技能	外语水平	大学英语六级	计算机水平	计算机二级(office)
	兴趣特长	手工/茶工艺		
	个人荣誉	2008 年荣获北京市"花花杯"市场营销大赛二等奖		

教育背景	起止日期	毕业院校	专业
	2004.09～2008.07	北京森林大学	市场营销
	2008.08～2011.07	北京森林大学	市场营销学

校内经历	2007.09～2009.06 北京市小花贸易公司 校园推广大使 负责公司产品的上线、线下营销工作，运营产品的推广账号，粉丝增长 20 万，跟团队一起在校园开展 10 多次线下营销活动，主要负责活动内容的策划。

工作经历	2009.08～2011.06 大红花有限公司 市场专员实习生 主要负责市场活动、店铺事务、物流相关工作，提高产品的市场占有量。 1. 市场活动，参与销售活动的策划、宣传和执行、跟进展厅搭建、投放、物料安排、人员安排的整个流程。 2. 线下店铺陈列，负责店铺的广告和物料，定期执行广告投放、海报安装、控制各项费用降低成本。 3. 线上门店管理和运营，跟进淘宝店铺装修、营销活动、物料设计、库存管理、用户反馈等流程。

自我评价	本人有多年的线上线下的品牌推广、营销策划经验，责任心强，为人诚实稳重，乐观开朗，工作耐心细致，思维敏捷。

图 5-11

在简历的信息中，相关的工作经历是比较重要的，因此需要对工作经历的关键信息，如工作的时间、单位、职位等进行文本的加粗处理，如图 5-12 所示。

校内经历	**2007.09—2009.06**　北京市小花贸易公司 校园推广大使 负责公司产品的上线、线下营销工作，运营产品的推广账号，粉丝增长 20 万，跟团队一起在校园开展 10 多次线下营销活动，主要负责活动内容的策划。

图 5-12

由于表格默认的文本方向是横向，而每个部分的名称需要纵向排列，因此需要调整单元格的文本方向。选中目标单元格后，单击鼠标右键，在弹出的快捷菜单中选择"文字方向"，如图 5-13 所示。

图 5-13

然后在弹出的"文字方向"对话框中进行设置，如图 5-14 所示。单元格修改前后的对比如图 5-15 所示。

图 5-14

图 5-15

最后再检查一遍简历的文字，避免出现错别字、病句等低级错误；再适当调整表格的布局，使内容疏密有致。最后的调整效果如图 5-16 所示。

图 5-16

第二部分

WPS 表格

第06章

创建工作簿——熟练掌握基础操作技能

本章将从工作簿的基本操作讲起，逐步介绍 WPS 表格的基础操作，包括新建与保存工作簿、工作表的基本操作、单元格的基本操作、数据的输入和编辑等。

主要内容

工作簿的基本操作

工作表的基本操作

进阶小妙招：多个工作表一眼看尽

行和列的基本操作

单元格的基本操作

数据的输入和编辑

6.1 工作簿的基本操作

工作簿是指创建 WPS 表格文档后得到的文件，工作簿的基本操作包括新建、保存和结构保护。

6.1.1 新建并保存工作簿

在 WPS 表格中，工作簿的新建和保存与 WPS 文字类似，因此这里不再进行详细讲解，只讲解在创建工作簿时 WPS 表格与 WPS 文字不同的部分。

通过启动器打开 WPS 2019，单击标签栏的"新建"按钮或按快捷键【Ctrl+N】，如图 6-1 所示。

图 6-1

在"新建"标签页，单击"表格"按钮，切换到新建表格的标签页，单击"空白表格"下的"+"按钮即可创建空白工作簿，如图 6-2 所示。

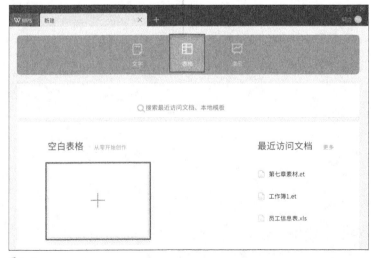

图 6-2

创建好空白工作簿后，可以看到 WPS 表格的工作界面，如图 6-3 所示。

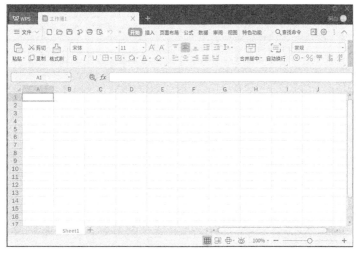

图 6-3

6.1.2　保护工作簿的结构

在工作簿中，如果工作表的名称和顺序结构比较重要，用户可以设置保护工作簿的结构，操作如下。

单击"审阅"选项卡，在选项卡功能面板中单击"保护工作表"按钮并在弹出的"保护工作表"对话框中设置保护工作簿结构的密码和权限，如图 6-4 所示。

图 6-4

设置完毕后，单击对话框的"确定"按钮，此时会弹出一个"确认密码"对话框，提示用户在对话框中再输入一次密码进行确认，如图 6-5 所示。

用户在设置保护工作簿结构的密码后，在工作簿的下面会显示"编辑受限"，说明工作簿在保护状态下，编辑权限受限。如果不需要保护工作簿，应先单击"审阅"选项卡，然后在选项卡功能面板中单击"撤销工作表保护"按钮，如图 6-6 所示。

图 6-5

图 6-6（注：图中"撤消"应为"撤销"，后图同。）

在弹出的"撤销工作表保护"对话框中，输入正确的密码并单击"确定"按钮，即可撤销对工作簿的保护，如图 6-7 所示。

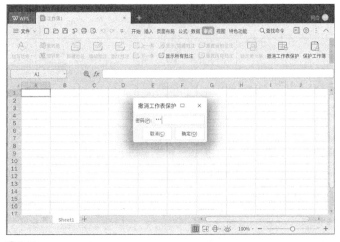

图 6-7

6.2　工作表的基本操作

工作表是指打开工作簿后看到的表格，用户可以在工作表里输入各种类型的数据。工作表的基本操作包括添加、删除、移动、复制、重命名、隐藏、显示等，下面将分别进行介绍。

6.2.1　添加与删除工作表

用户可以在工作簿中对工作表进行添加和删除的操作。

1. 添加工作表

添加工作表的方法有两种。

方法一：在工作簿的底部单击"+"即可在工作表 Sheet1 右侧插入新的工作表，如图 6-8 所示。

图 6-8

方法二：选中工作簿底部的一个工作表标签后单击鼠标右键，在弹出的快捷菜单中选择"插入"，如图 6-9 所示。

图 6-9

通过"插入工作表"对话框的"插入数目"文本框，以及"当前工作表之后"和"当前工作表之前"单选按钮，分别设置添加工作表的数量，以及添加工作表的先后位置，再单击"确定"按钮即可添加新的工作表，如图 6-10 所示。

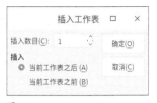

图 6-10

2. 删除工作表

选中工作簿底部的一个工作表的标签，单击鼠标右键，在弹出的快捷菜单中选择"删除工作表"即可，如图 6-11 所示。

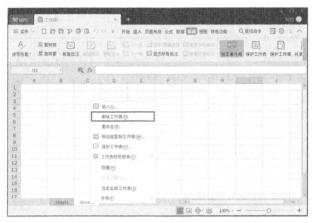

图 6-11

6.2.2 在同一工作簿中移动或复制工作表

移动工作表是指调整工作表之间的先后位置，复制工作表是指复制一个内容完全相同的工作表，具体操作如下。

1. 移动工作表

在工作簿的底部选中一个工作表的标签，并按住鼠标左键进行拖曳，此时工作表标签的位置上会显示一个"小三角"的图标，如图 6-12 所示。

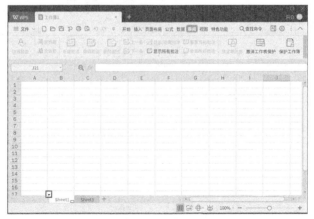

图 6-12

这个图标表示工作表的先后位置，用户可以通过按住鼠标左键拖曳工作表的标签来设置"小三角"图标的先后位置，当松开鼠标左键后，工作表的标签就会被设置在和"小三角"图标相同的位置上，以此来设置工作表的先后位置。

2. 复制工作表

当用户拖曳工作表标签的过程中按住了【Ctrl】键时，即可进行复制工作表的操作，并且和移动工作表相同，工作表标签的位置上会显示一个"小三角"图标，当用户设置了"小三角"图标的位置后松开鼠标左键，此时"小三角"图标所在的位置会复制出一个新的工作表，效果如图 6-13 所示。

图 6-13

6.2.3　在不同工作簿中移动或复制工作表

在不同工作簿中移动工作表，是指将选中的工作表从当前所在的工作簿，移动到新的工作簿中，并设置工作表在新工作簿中的先后位置。

在不同工作簿中复制工作表，是指选中一个工作表，将其复制到新的工作簿中，并设置它在新工作簿中的先后位置。

打开两个工作簿，分别是工作簿 1 和工作簿 2，在工作簿 1 的底部选中一个工作表的标签，单击鼠标右键，在弹出的快捷菜单中选择"移动或复制工作表"，如图 6-14 所示。

选择"移动或复制工作表"后，在弹出的"移动或复制工作表"对话框中，通过设置"工作簿"和"下列选定工作表之前"，来确定工作表移动到的新工作簿，即工作簿 2，以及在新工作簿中的先后顺序，如图 6-15 所示。设置完毕后单击"确定"按钮，选择移动的工作表即可移动到工作簿 2 中。

复制工作表的操作和移动工作表类似，用户在"移动或复制工作表"对话框中设置完复制到的新工作簿，以及工作表在新工作簿中的先后顺序后，勾选"建立副本"复选框，再单击"确定"按钮即可。

图 6-14   图 6-15

6.2.4　重命名工作表

如果用户对工作表的名称不满意，可以对工作表进行重命名操作。

双击或选中需要重命名的工作表，单击鼠标右键，在弹出的快捷菜单中选择"重命名"，如图 6-16 所示。

图 6-16

此时工作表标签进入编辑状态，如图 6-17 所示。输入新的工作表名称，按【Enter】键即可。

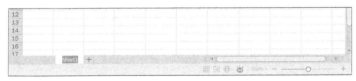

图 6-17

6.2.5　隐藏与显示工作表

当工作表存储着一些较为重要的数据时，用户可以通过控制这些工作表的隐藏与显示，来决定其他人是否能看到这些工作表。

1. 隐藏工作表

在工作簿的底部选中一个工作表，单击鼠标右键，在弹出的快捷菜单中选择"隐藏"即可，如图 6-18 所示。

> **注意**
>
> 工作簿必须要在拥有两个及以上工作表的情况下，才可以对工作表进行隐藏。

2. 显示工作表

隐藏工作表后，在工作簿的底部选中任意一个工作表，单击鼠标右键，在弹出的快捷菜单中选择"取消隐藏"，然后在弹出的"取消隐藏"对话框中选择被隐藏的工作表，再单击"确定"按钮，即可让隐藏的工作表重新显示在工作簿的底部，如图 6-19 所示。

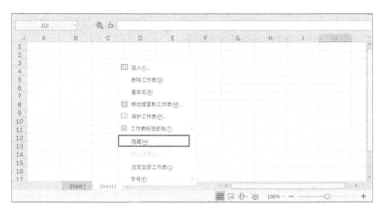

图 6-18

图 6-19

6.2.6　设置工作表标签的颜色

用户可以为工作表的标签设置不同的颜色，以此来对不同的工作表进行区分，操作如下。

在工作簿的底部选中一个工作表，单击鼠标右键，在弹出的快捷菜单中选择"工作表标签颜色"，即可设置工作表的颜色，如图 6-20 所示。

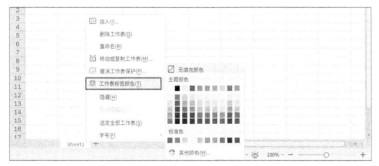

图 6-20

设置效果如图 6-21 所示。

图 6-21

119

6.2.7 保护工作表

如果工作表存储的数据比较重要，可以设置保护工作表，限制其他用户对工作表的操作。

1. 设置保护工作表

单击"审阅"选项卡，在选项卡功能面板中单击"保护工作表"按钮，如图 6-22 所示。

在弹出的"保护工作表"对话框中，用户可以选择设置保护工作表的密码，以及在保护工作表期间，所有用户可以对工作表进行的操作，其中用户也可以选择不设置保护工作表的密码。设置完毕后，单击"确定"按钮即可，如图 6-23 所示。

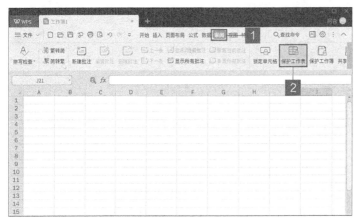

图 6-22

图 6-23

2. 撤销保护工作表

在保护工作表期间，可以单击"审阅"选项卡，在选项卡功能面板中单击"撤销工作表保护"按钮，来撤销对工作表的保护。如果用户设置了保护工作表的密码，则需要在输入正确的密码后，才能撤销对工作表的保护；如果没有，则无须输入密码即可撤销对工作表的保护，如图 6-24 所示。

图 6-24

6.3　进阶小妙招：多个工作表一眼看尽

很多时候用户需要对比不同工作表中存储的数据，但是在不同的工作表之间来回切换很不方便，使用新建窗口功能可以同时显示多个工作表，做到多个工作表一眼看尽。

单击"视图"选项卡，在选项卡功能面板中单击"新建窗口"按钮，为当前的工作簿新建一个显示窗口，如图 6-25 所示。

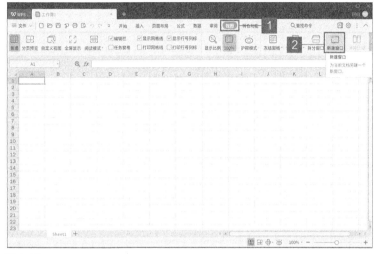

图 6-25

新建显示窗口后，单击"视图"选项卡，在选项卡功能面板中单击"重排窗口"按钮，在弹出的菜单中设置这些窗口的显示方式，可选的显示方式分为"水平平铺""垂直平铺""层叠"3 种，这里以选择"垂直平铺"为例，如图 6-26 所示。

图 6-26

设置窗口的显示方式后，画面能够同时显示两个 WPS 表格，并且这些 WPS 表格都来自同一个工作簿，用户在这些工作簿的底部单击相应的工作表标签来设置显示的工作表，这样就实现了多工作表的显示，如图 6-27 所示。

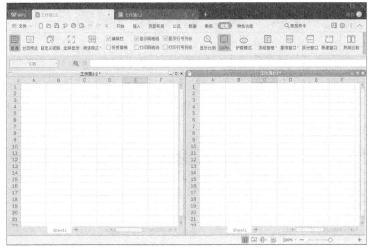

图 6-27

6.4 行和列的基本操作

行是指 WPS 表格中由横线所组成的区域，用户可以在 WPS 表格的左侧找到每一行所对应的行号。列是指 WPS 表格中由竖线组成的区域，用户可以在 WPS 表格的上方找到每一列所对应的列号。行和列的基本操作包括插入与删除行和列、设置单元格的行高和列宽、隐藏或显示行和列。

6.4.1 插入与删除行和列

用户可以对 WPS 表格中的行和列进行插入与删除操作，具体操作如下。

1. 插入行

方法一：单击某一行的行号，选中该行后，单击"开始"选项卡，在选项卡功能面板中单击"行和列"按钮，在弹出的菜单中选择"插入单元格"下的"插入行"后，即可在本行的上方插入新的行，如图 6-28 所示。

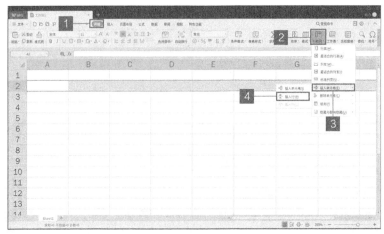

图 6-28

方法二：在某一行的行号上单击鼠标右键，在弹出的快捷菜单中的"插入"选项后输入要插入的行数，单击"插入"，即可在本行的上方插入指定数量的新的行，如图 6-29 所示。

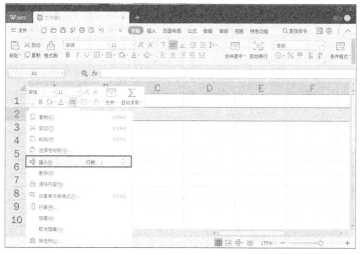

图 6-29

2．插入列

方法一：单击某一列的列号，选中该列后，单击"开始"选项卡，在选项卡功能面板中单击"行和列"按钮，在弹出的菜单中选择"插入单元格"下的"插入列"后，即可在本列的左侧插入新的列，如图 6-30 所示。

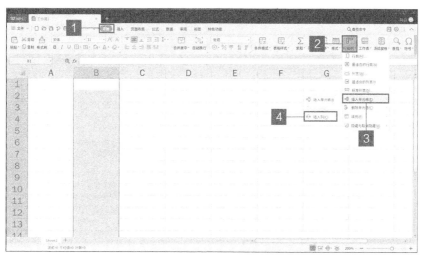

图 6-30

方法二：在某一列的列号上单击鼠标右键，在弹出的快捷菜单中的"插入"选项后输入要插入的列数，单击"插入"，即可在本列的左侧插入指定数量的新的列，如图 6-31 所示。

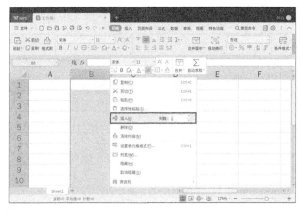

图 6-31

3. 删除行

单击某一行的行号，选中该行后，单击鼠标右键，在弹出的快捷菜单中选择"删除"即可删除该行，如图 6-32 所示。

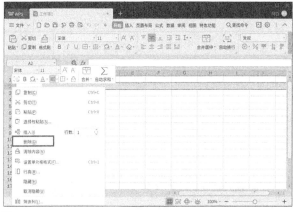

图 6-32

4. 删除列

单击某一列的列号，选中该列后，单击鼠标右键，在弹出的快捷菜单中选择"删除"即可删除该列，如图 6-33 所示。

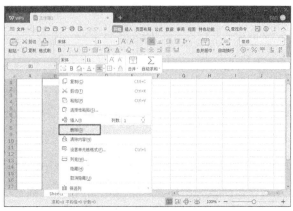

图 6-33

6.4.2 设置行高和列宽

本节将介绍如何设置行高和列宽。

1. 设置行高

单击"开始"选项卡，在选项卡功能面板中单击"行和列"按钮，在弹出的菜单中选择"行高"，如图 6-34 所示。

图 6-34

在弹出的"行高"对话框中设置行高的数值和单位，设置完毕后，单击"确定"按钮即可，如图 6-35 所示。

图 6-35

2. 设置列宽

单击"开始"选项卡，在选项卡功能面板中单击"行和列"按钮，在弹出的菜单中选择"列宽"，如图 6-36 所示。

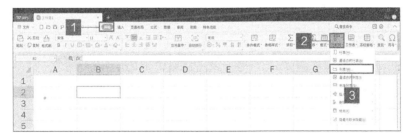

图 6-36

在弹出的"列宽"对话框中设置列宽的数值和单位，设置完毕后，单击"确定"按钮即可，如图 6-37 所示。

图 6-37

6.4.3 隐藏或显示行和列

用户可以通过控制行和列的显示，来决定是否让其他人能够看到行和列中存储的数据。隐藏或显示行和列的方法一致，因此这里以隐藏或显示行为例。

单击某一行的行号，选中该行后，单击鼠标右键，在弹出的快捷菜单中选择"隐藏"，如图 6-38 所示。

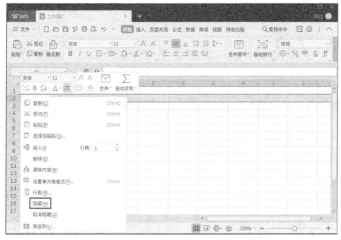

图 6-38

隐藏后的效果如图 6-39 所示，在行号上还是能看出来这里少了一行。

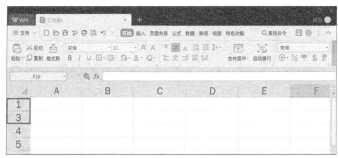

图 6-39

选中被隐藏行上下两边的行号后，单击鼠标右键，在弹出的快捷菜单中选择"取消隐藏"，即可重新显示隐藏的行，如图 6-40 所示。

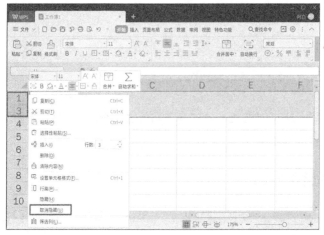

图 6-40

6.5 单元格的基本操作

单元格是 WPS 表格行和列的交叉区域，它是 WPS 表格的最小单位，用户在进行单个数据的输入时，都需要在单元格中进行。单元格的基本操作包括插入、删除、合并、拆分，灵活应用这些基本操作可以做出各种工作报表、申请表等，下面将分别进行介绍。

6.5.1 插入与删除单元格

用户可以对 WPS 表格中的单元格进行插入和删除等操作。

1. 插入单元格

选中一个单元格后，单击"开始"选项卡，在选项卡功能面板中单击"行和列"按钮后，在弹出的菜单中，选择"插入单元格"下的"插入单元格"，如图 6-41 所示。

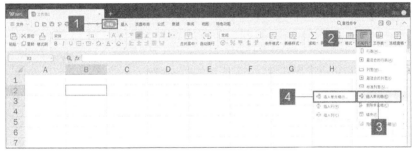

图 6-41

在弹出的"插入"对话框中，用户可以选择单元格插入的方式，如图 6-42 所示。

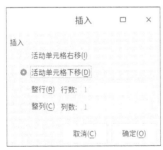

图 6-42

每种插入方式的介绍如下。

● 活动单元格右移：选中的单元格向右移动一个单元格的距离，插入的单元格占据选中单元格的位置。

● 活动单元格下移：选中的单元格向下移动一个单元格的距离，插入的单元格占据选中单元格的位置。

2. 删除单元格

选中需要被删除的单元格后单击鼠标右键，在弹出的快捷菜单中选择"删除"，在子菜单中选择"右侧单元格左移""下方单元格上移""整行""整列"即可，如图 6-43 所示。

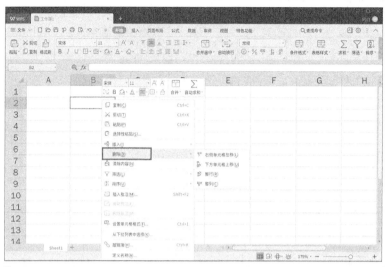

图 6-43

每种删除方式的介绍如下。

● 右侧单元格左移：让被删除单元格右侧的单元格向左移动，顶替被删除单元格的位置。

● 下方单元格上移：让被删除单元格下方的单元格向上移动，顶替被删除单元格的位置。

6.5.2 合并和拆分单元格

用户可以选择将多个单元格合并成一个单元格，并且还可对合并后的单元格的内容进行拆分。

1．合并单元格

选中想要合并的单元格，单击"开始"选项卡，在选项卡功能面板中单击"合并居中"下拉按钮，在弹出的菜单中根据实际情况选择不同的单元格合并方式即可，如图 6-44 所示。

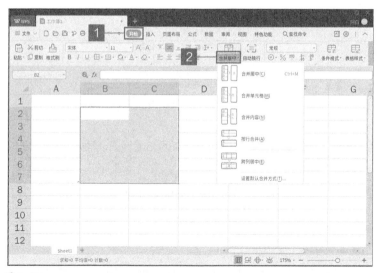

图 6-44

常用的合并方式介绍如下。

● 合并居中：合并单元格的内容会居中显示。

● 合并单元格：合并单元格内容以默认的对齐方式显示。

● 合并内容：选中合并的单元格的内容会被合并到一个单元格中。

除此之外，WPS 还支持合并相同单元格，例如图 6-45 中"A1: A3"单元格内容相同，"A4: A6"单元格内容不同。

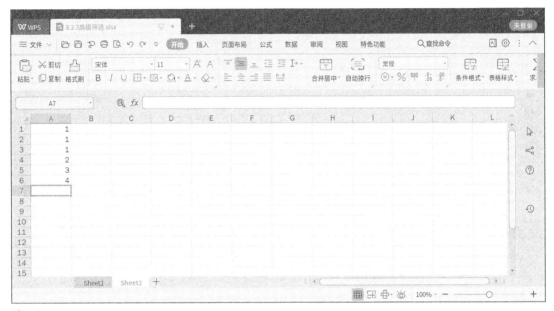

图 6-45

选中"A1: A6"单元格，单击"合并居中"下拉按钮，选择"合并相同单元格"，如图 6-46 所示。

图 6-46

合并后效果如图 6-47 所示。

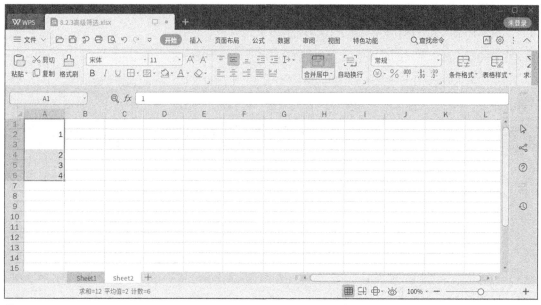

图 6-47

2．拆分单元格

如果想要拆分单元格，先选中合并后的单元格，再单击"开始"选项卡，然后在选项卡功能面板中单击"合并居中"下拉按钮，在弹出的菜单中，选择"取消合并单元格"即可，如图 6-48 所示。

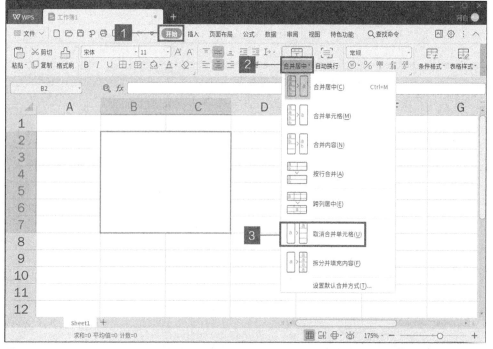

图 6-48

如果想要拆分单元格填充与原来单元格相同的内容，就需要用到拆分并填充内容。例如图 6-49 中有一些合并了的单元格。

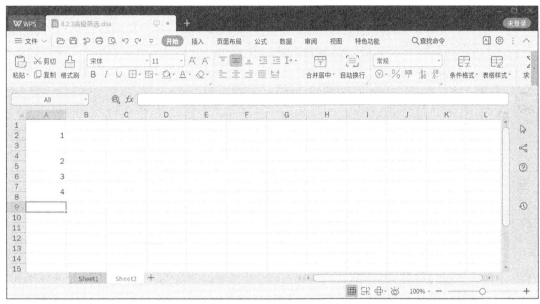

图 6-49

选中"A1: A8"单元格，单击"合并居中"下拉按钮，选择"拆分并填充内容"，如图 6-50 所示。

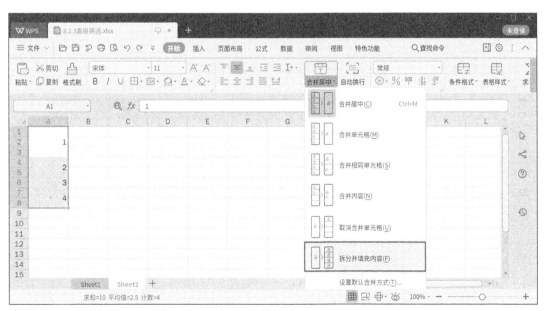

图 6-50

拆分后效果如图 6-51 所示。

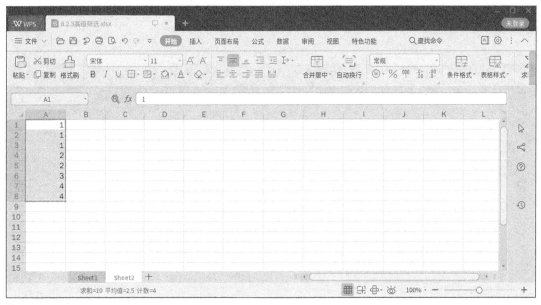

图 6-51

6.6 数据的输入和编辑

用户在创建工作簿后，就可以在工作表的单元格中进行数据的输入和编辑了。

6.6.1 输入数据

打开工作簿，单击选中要输入数据的单元格后，输入内容即可，如图 6-52 所示。

图 6-52

6.6.2　快速填充数据

在使用 WPS 表格时，如果遇到比较规律的数据，如 1、2、3……或重复的数据，对这些数据可以使用填充功能进行快速编辑。

创建一个工作簿，打开后在 A1 单元格中输入"1"，将鼠标指针移动到该单元格右下角，此时鼠标指针变为一个十字形状的填充柄，如图 6-53 所示。

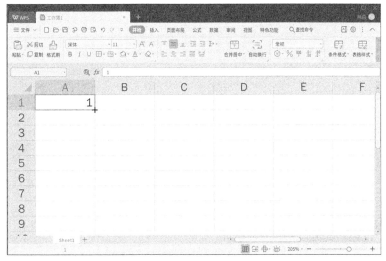

图 6-53

按住鼠标左键不放，向下拖曳至合适的位置，然后释放鼠标左键，此时单元格选中区域以序列方式填充了"1、2、3……"，如图 6-54 所示。

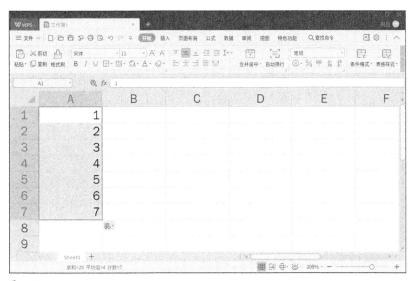

图 6-54

单击"自动填充"图标按钮，可以切换为其他填充方式，包括"复制单元格"等，如图 6-55 所示。

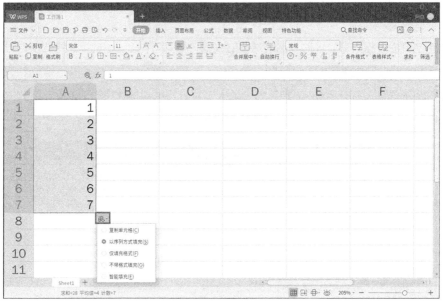

图 6-55

6.6.3 移动数据

用户可以自由移动单元格中存储的数据的位置，操作如下。

选中存储有数据的单元格后单击鼠标右键，在弹出的快捷菜单中选择"剪切"或使用快捷键【Ctrl+X】，如图 6-56 所示。

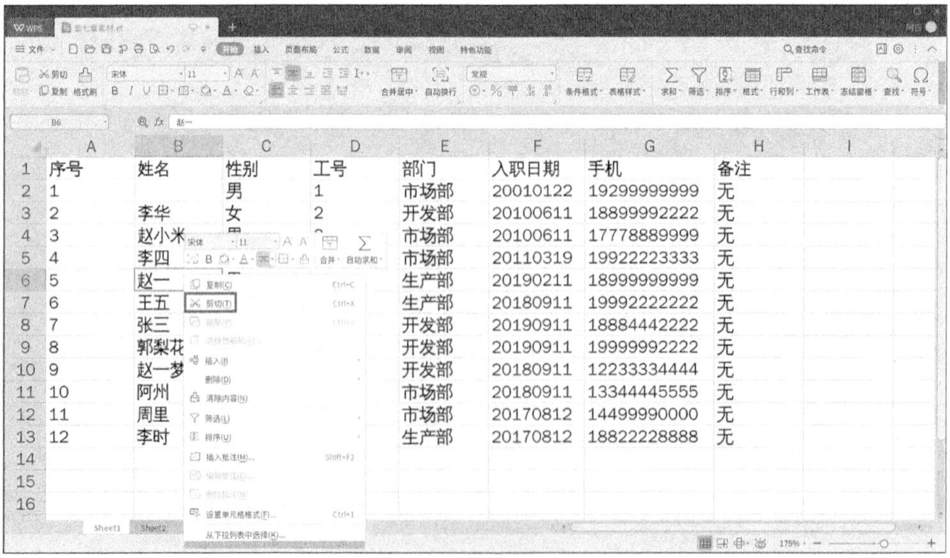

图 6-56

选中另一个位置的单元格后，单击鼠标右键，在弹出的快捷菜单中选择"粘贴"或使用快捷键【Ctrl+V】即可，如图 6-57 所示。

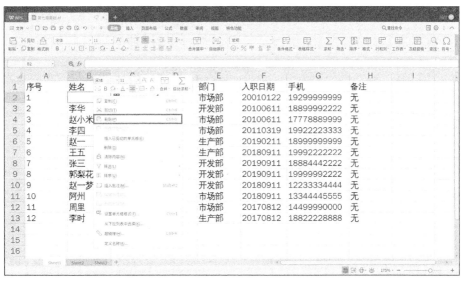

图 6-57

6.6.4　复制和粘贴数据

用户可以在复制存储有数据的单元格后，在任意单元格的位置进行粘贴，将数据粘贴在新的位置，操作如下。

选中存储有数据的单元格，单击鼠标右键，在弹出的快捷菜单中选择"复制"或使用快捷键【Ctrl+C】，如图 6-58 所示。

图 6-58

在表格中的任意位置选中一个单元格后，单击鼠标右键，在弹出的快捷菜单中选择"粘贴"或使用快捷键【Ctrl+V】即可，如图 6-59 所示。

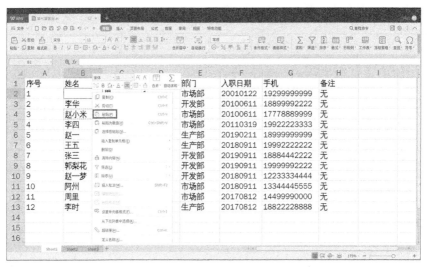

图 6-59

6.6.5 查找和替换数据

在编辑数据时，可以使用查找和替换功能快速修改指定数据。

1. 查找数据

单击"开始"选项卡，在选项卡功能面板中单击"查找"按钮后，在弹出的菜单中选择"查找"，如图 6-60 所示。

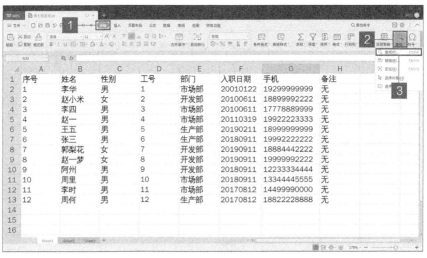

图 6-60

在弹出的"查找"对话框的"查找内容"文本框中输入需要查找的数据，如要查找的内容是"生产部"，单击"查找全部"按钮，如图 6-61 所示。

此时光标定位到了要查找内容的单元格上，并在对话框的下方显示了具体查找的内容，可以单击"查找上一个""查找下一个"按钮切换查看查找到的数据，查找完毕后，单击"关闭"按钮即可，如图 6-62 所示。

图 6-61

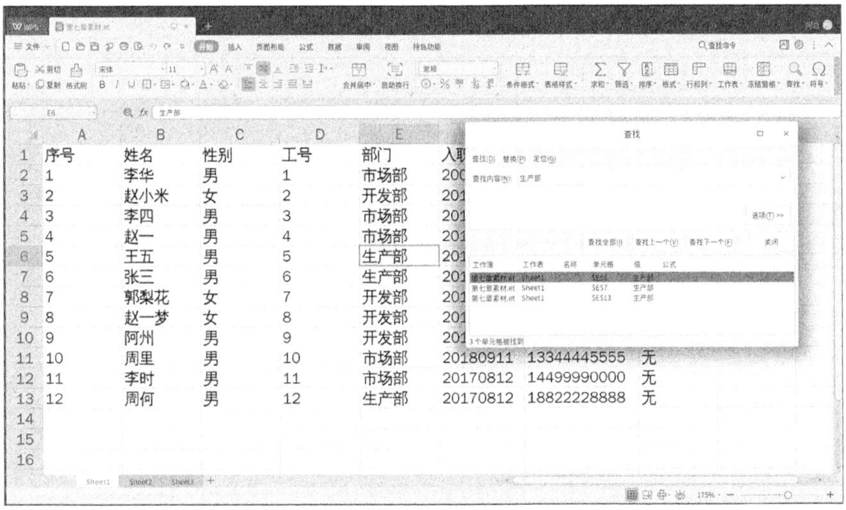

图 6-62

2．替换数据

单击"开始"选项卡，在选项卡功能面板中单击"查找"按钮后，在弹出的菜单中选择"替换"，如图 6-63 所示。

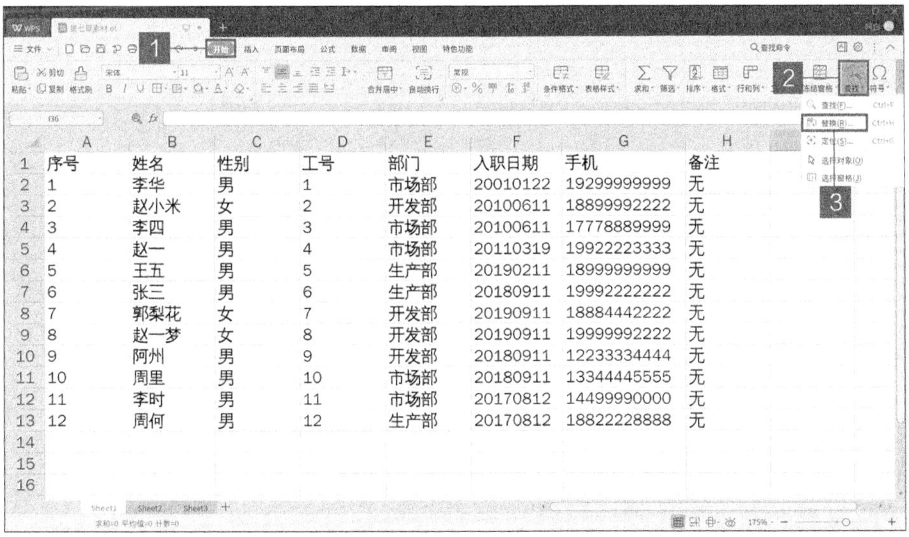

图 6-63

在弹出的"替换"对话框的"查找内容"和"替换为"文本框中，分别输入需要被替换和替换的内容，如这里分别输入的是"开发部""研发部"，单击"全部替换"按钮即可替换所有的数据，如图 6-64 所示。

图 6-64

所有数据替换完成后，WPS 表格会弹出提示对话框，显示替换结果，单击"确定"按钮，如图 6-65 所示。

图 6-65

返回"替换"对话框，单击"关闭"图标按钮即可，效果如图 6-66 所示。

	A	B	C	D	E	F	G	H	I
1	序号	姓名	性别	工号	部门	入职日期	手机	备注	
2	1	李华	男	1	市场部	20010122	19299999999	无	
3	2	赵小米	女	2	研发部	20100611	18899992222	无	
4	3	李四	男	3	市场部	20100611	17778889999	无	
5	4	赵一	男	4	市场部	20110319	19922223333	无	
6	5	王五	男	5	生产部	20190211	19999999999	无	
7	6	张三	男	6	生产部	20180911	19992222222	无	
8	7	郭梨花	女	7	研发部	20190911	18884442222	无	
9	8	赵一梦	女	8	研发部	20190911	19999992222	无	
10	9	阿州	男	9	研发部	20180911	12233334444	无	
11	10	周里	男	10	市场部	20180911	13344445555	无	
12	11	李时	男	11	市场部	20170812	14499990000	无	
13	12	周何	男	12	生产部	20170812	18822228888	无	
14									
15									
16									

图 6-66

第07章

管理工作表——掌握数据管理
的应用技巧

在掌握了 WPS 表格的基础操作技能后就可以对表格中
存储的数据进行简单的编辑了。在编辑表格的过程中，
可以灵活利用 WPS 表格中的排序、筛选、分类汇总等
功能对数据进行管理，让数据变得井然有序。

主要内容

数据的排序

数据的筛选

数据的分类汇总

7.1 **数据的排序**

在输入数据时，数据的排序往往是没有规律的，这样在查看数据时不是很方便，因此用户需要在单元格中编辑数据后，对这些数据进行排序。

7.1.1 简单排序

简单排序是指控制 WPS 表格中的数据，设置单一条件进行升序或降序排列，例如，根据数据的首字母、数值的大小进行升序或降序排列，操作如下。

选中"B2"单元格，单击"数据"选项卡，在选项卡功能面板中单击"升序"或"降序"图标按钮，该列数据即可进行升序或降序排列，如图 7-1 所示。

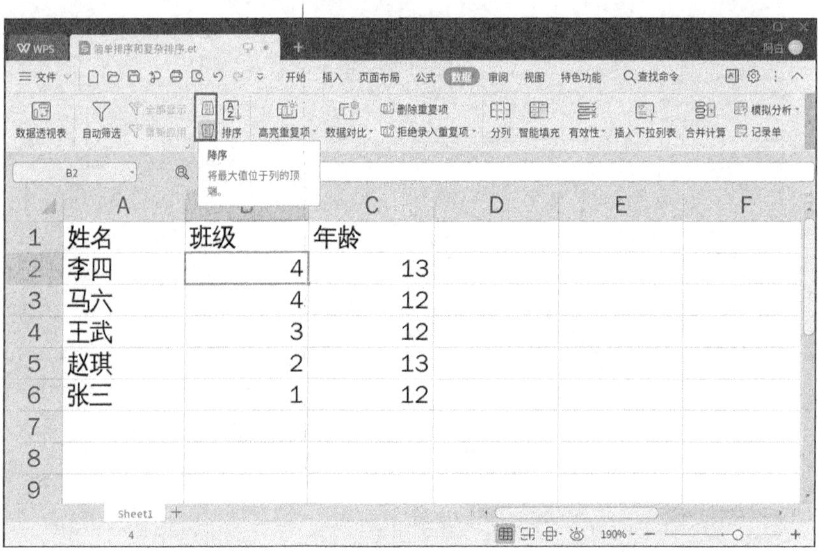

图 7-1

7.1.2 复杂排序

如果在排序字段中出现相同内容，它会保持原有次序。如果用户想对这些相同内容按照一定的条件进行排序，就需要使用复杂排序功能，操作如下。

选中"A1：C6"单元格，单击"数据"选项卡，在选项卡功能面板中单击"排序"按钮，如图 7-2 所示。

在弹出的"排序"对话框中，"主要关键字"下拉列表框中选择"班级"，"排序依据"中选择"数值"，"次序"中选择"升序"，如图 7-3 所示。

单击"添加条件"按钮添加新的排序条件，在"次要关键字"下拉列表框中选择"年龄"，在"排序依据"中选择"数值"，在"次序"中选择"升序"，如图 7-4 所示。

添加完毕后单击"确定"按钮，在工作表中可以看到数据按照班级升序排列的基础上，又按照年龄进行了升序排序，如图 7-5 所示。

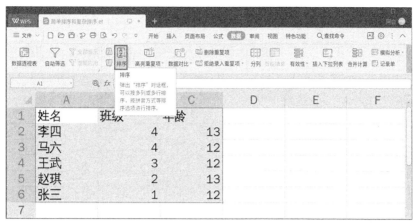

图 7-2

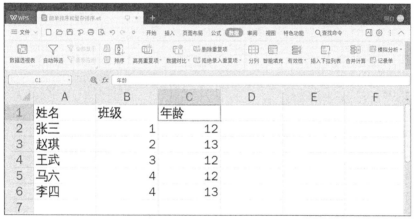

图 7-5

7.1.3 自定义排序

数据除了按照数值大小和拼音字母顺序排列外，还会涉及一些特殊顺序，如星期一、星期三，一月、二月、三月等类似的数据。此时就无法通过简单排序和复杂排序来解决问题，需要用到自定义排序。

选中表格中的"A1:A7"单元格，单击"数据"选项卡，在选项卡功能面板中单击"排序"按钮，在"排序"对话框中设置"次序"为"自定义序列"，如图 7-6 所示。

在弹出的"自定义序列"对话框中选择"星期日,星期一,星期二,星…"，单击"确定"按钮，如图 7-7 所示。

返回"排序"对话框，此时"次序"下拉列表框中显示"星期日,星期一,星期二,星期"，单击"确定"按钮，如图 7-8 所示。

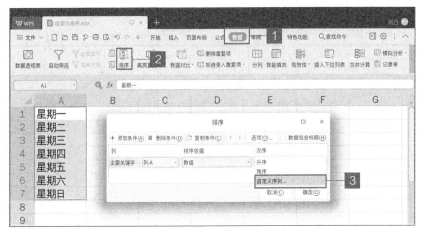

图 7-6

图 7-7

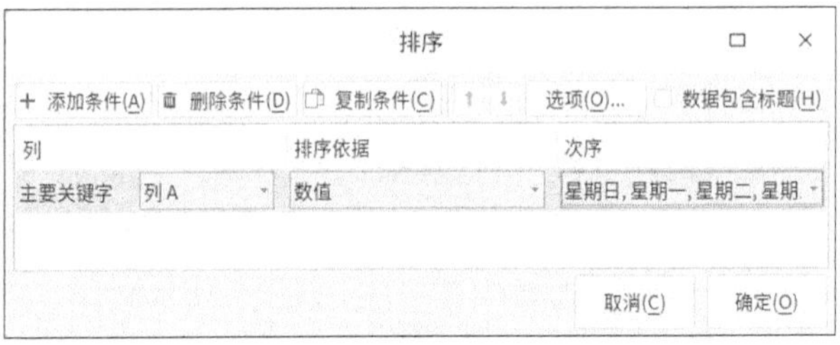

图 7-8

返回表格界面，排序效果如图 7-9 所示。

图 7-9

7.2　数据的筛选

当 WPS 表格中的数据比较多时，用户可以通过使用数据的筛选功能快速地找到自己需要的数据。

7.2.1　自动筛选

用户可以设置筛选条件，以此筛选出想要看到的数据，操作如下。

选中需要进行自动筛选的单元格区域后，单击"开始"选项卡，在选项卡功能面板中单击"筛选"按钮，此时工作表的第一行显示为下拉列表形式，多了一个下拉按钮，如图 7-10 所示。

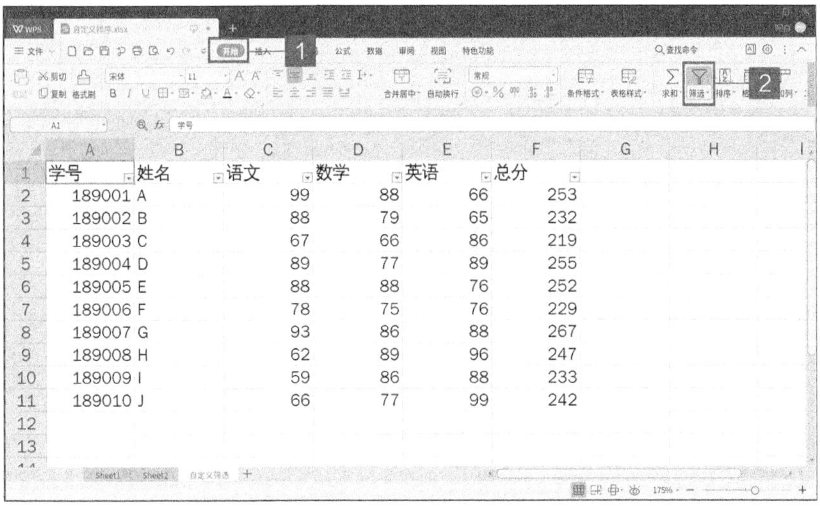

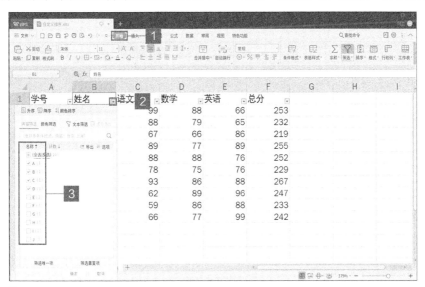

图 7-10

单击下拉按钮，在弹出的窗格中，用户可以勾选需要查看数据前的复选框，取消勾选不需要查看数据前的复选框，来决定查看哪些数据，然后单击"确定"按钮即可，如图 7-11 所示。

图 7-11

如果要退出自动筛选，只要再次单击"开始"选项卡功能面板中的"筛选"按钮即可。

7.2.2 自定义筛选

当自动筛选无法满足筛选的需求时，用户可以使用自定义筛选，设置筛选条件。

1．内容筛选

选中需要筛选的单元格区域，单击"开始"选项卡，在选项卡功能面板中单击"筛选"按钮后，单击数据标题所在单元格右侧的下拉按钮，在弹出的筛选窗格的文本框中输入需要查看的数据后，单击"确定"按钮，WPS 表格会自动根据用户输入的数据筛选出相应的数据内容，如图 7-12 所示。

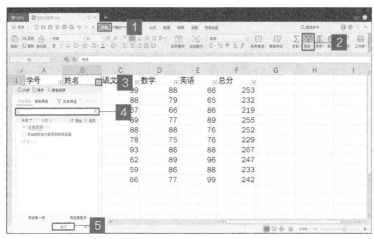

图 7-12

2．颜色筛选

使用颜色筛选功能前，用户需要把有数据的单元格中的字体和填充颜色设置成不同的颜色，只有在设置完毕后才可以使用颜色筛选。设置单元格字体颜色和填充颜色的操作如下。

选中一个单元格后，单击"开始"选项卡功能面板中的"填充颜色"图标右侧的下拉按钮，在展开的菜单中选择一种颜色，即可设置填充色，如图 7-13 所示。

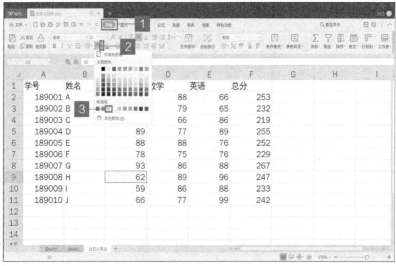

图 7-13

类似地，选中一个单元格后，单击"开始"选项卡功能面板中的"字体颜色"图标右侧的下拉按钮，在展开的菜单中选择一种颜色，即可设置字体颜色，如图 7-14 所示。

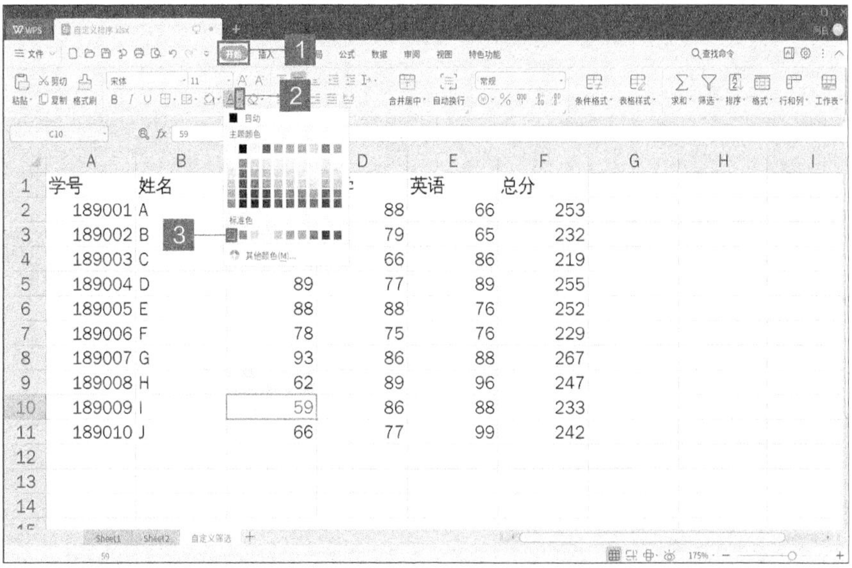

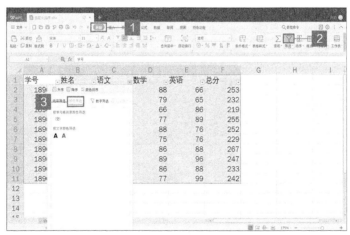

图 7-14

设置单元格的填充和字体颜色后，即可对数据使用颜色筛选功能，操作如下。

选中需要筛选的单元格区域后，单击"开始"选项卡，在选项卡功能面板中单击"筛选"按钮，单击数据字段右侧的下拉按钮，在弹出的筛选窗格中单击"颜色筛选"选项卡，即可按照单元格背景颜色筛选或按文字颜色筛选，如图 7-15 所示。

图 7-15

3. 数字筛选

用户可以设置一个数值条件，来对满足这个数值条件的数据进行筛选，操作如下。

首先单击工作表中的任意单元格，然后单击"开始"选项卡，在选项卡功能面板中单击"筛选"按钮，此时工作表的第一行显示为下拉列表形式，如图 7-16 所示。

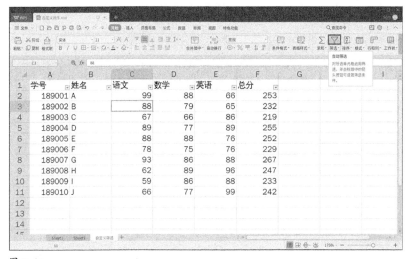

图 7-16

单击要筛选的列右侧的下拉按钮，如单击"语文"列右侧的下拉按钮，在弹出的窗格中选择"数字筛选"选项卡，在弹出的菜单中选择"小于"，如图 7-17 所示。

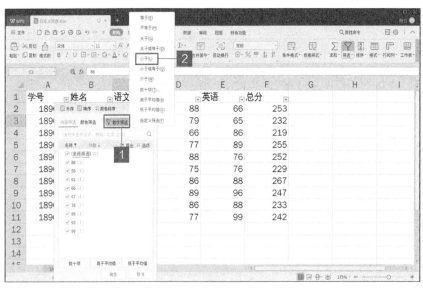

图 7-17

在弹出的"自定义自动筛选方式"对话框中，"语文"下方的下拉列表框默认为"小于"选项，假设本次筛选 65 ～ 85 分的成绩，在右侧的文本框中输入"85"；中间选中"与"单选按钮；第二行下拉列表框选择"大于"，右侧输入"65"，单击"确定"按钮，如图 7-18 所示。

返回工作表，可以看到仅显示语文成绩大于 65 分小于 85 分的行，不满足的行已经被隐藏，如图 7-19 所示。此时"语文"右侧的下三角按钮变为漏斗符号。

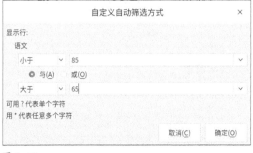

图 7-18

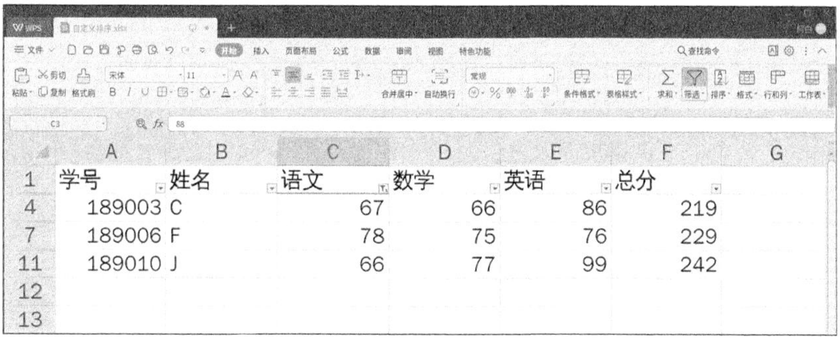

	A	B	C	D	E	F
1	学号	姓名	语文	数学	英语	总分
4	189003	C	67	66	86	219
7	189006	F	78	75	76	229
11	189010	J	66	77	99	242

图 7-19

如果想要恢复显示所有行，只需单击该漏斗符号的下拉箭头，在出现的窗格中选择“清空条件”即可，如图 7-20 所示。

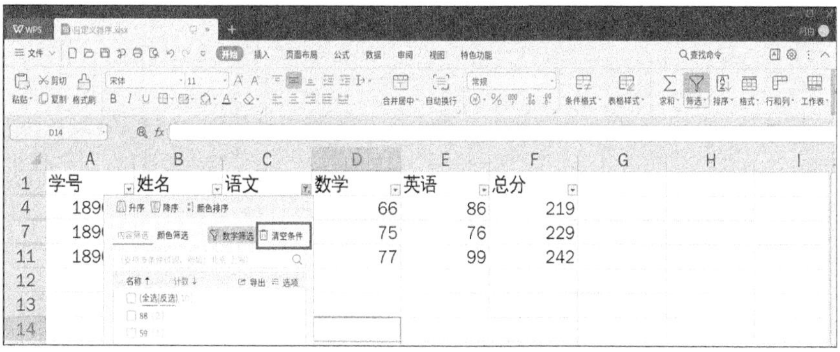

图 7-20

7.2.3 高级筛选

当筛选的条件比较多时，用户可以使用高级筛选功能，将符合条件的数据全部筛选出来。

图 7-21 所示的表格存储了一个班级所有学生的考试成绩，如果用户需要筛选出英语成绩大于 70 分、物理成绩大于 80 分的学生，则可以使用高级筛选功能，操作如下。

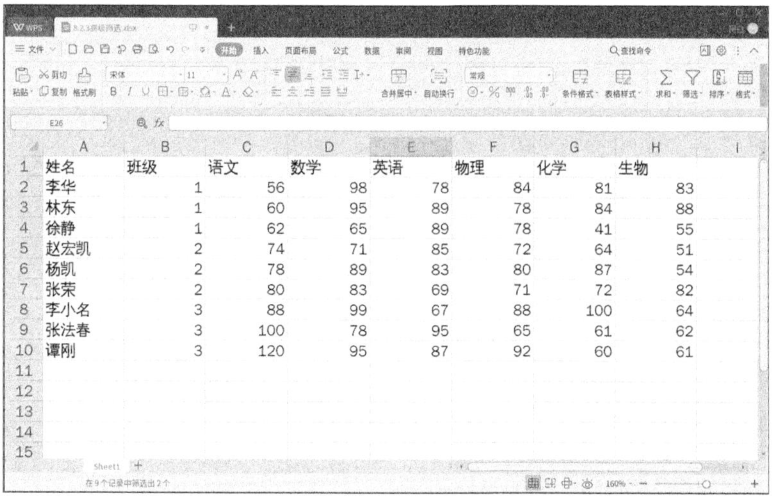

	A	B	C	D	E	F	G	H
1	姓名	班级	语文	数学	英语	物理	化学	生物
2	李华	1	56	98	78	84	81	83
3	林东	1	60	95	89	78	84	88
4	徐静	1	62	65	89	78	41	55
5	赵宏凯	2	74	71	85	72	64	51
6	杨凯	2	78	89	83	80	87	54
7	张荣	2	80	83	69	71	72	82
8	李小名	3	88	99	67	88	100	64
9	张法春	3	100	78	95	65	61	62
10	谭刚	3	120	95	87	92	60	61

图 7-21

在不包含数据的区域内输入筛选条件，这里是在"E12"中输入"英语"，在"E13"中输入">70"，"F12"中输入"物理"，"F13"中输入">80"，如图 7-22 所示。

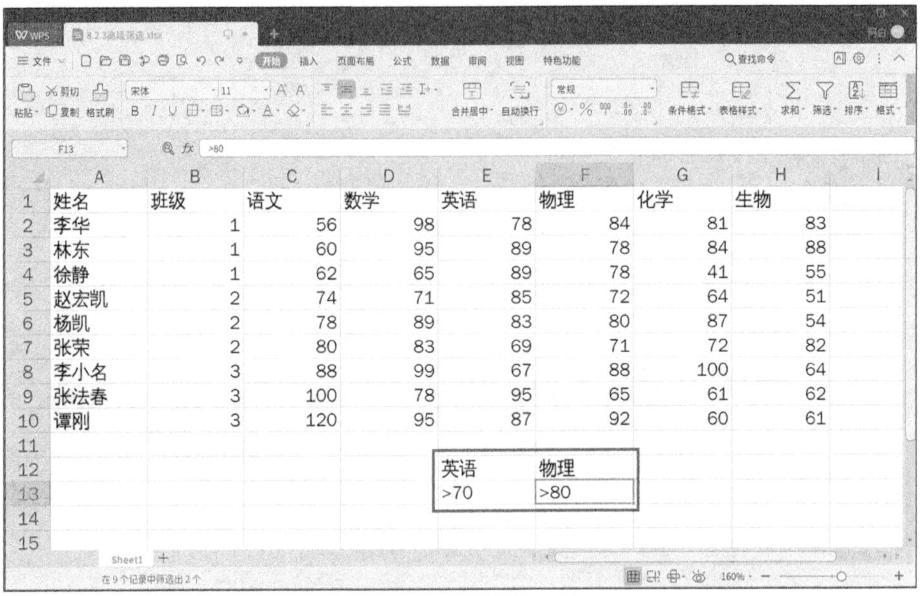

图 7-22

将光标定位在数据区域的任意单元格中，单击"开始"选项卡，在选项卡功能面板中单击"筛选"下拉按钮，在展开菜单中选择"高级筛选"，如图 7-23 所示。

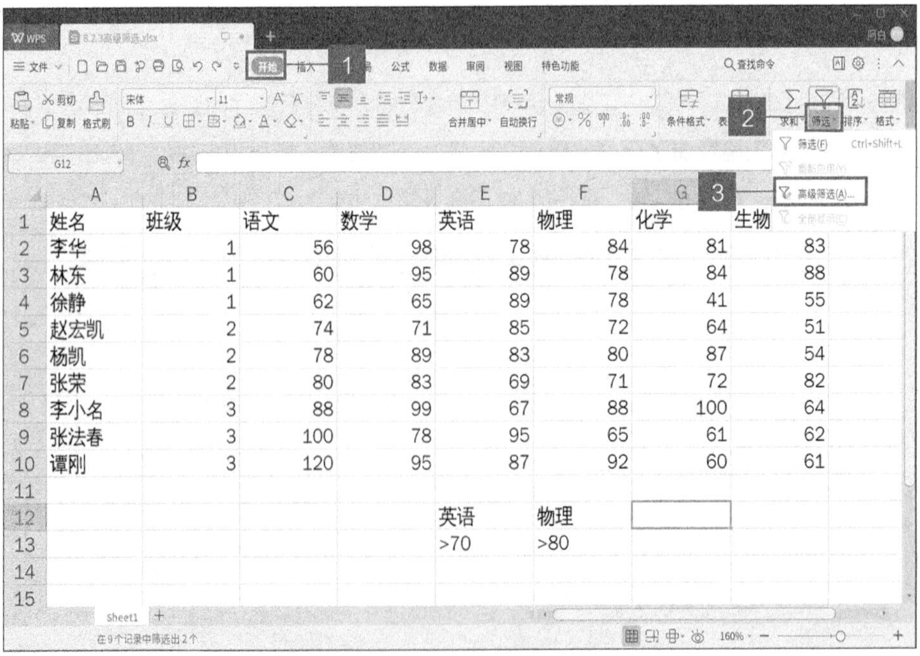

图 7-23

在弹出的"高级筛选"对话框中，选中"在原有区域显示筛选结果"，用户可以在"列表区域"

文本框内看到之前使用过的数据区域。单击"条件区域"文本框右侧的折叠图标按钮，如图 7-24 所示。

弹出"高级筛选"对话框，在工作表中选择条件区域"E12：F13"，单击文本框右侧的展开图标按钮，如图 7-25 所示。

返回"高级筛选"对话框，此时"条件区域"文本框中显示了条件区域的范围，单击"确定"按钮，如图 7-26 所示。

图 7-24

图 7-25

图 7-26

返回工作表，筛选效果如图 7-27 所示。

图 7-27

还是以一个班级所有同学考试成绩为例，如果用户需要筛选出英语成绩大于 70 或者物理成绩大于 80 的同学，也可以使用高级筛选功能实现，其操作方法类似，这里不再详细讲解，只讲解不同的地方。

用户只需调整筛选条件，将"F13"中的">80"调整到"F14"中，如图 7-28 所示。

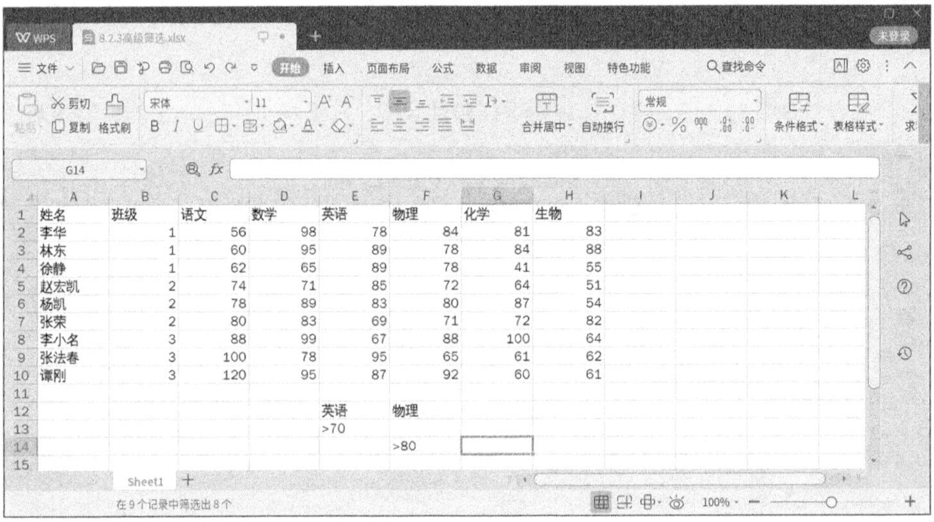

图 7-28

其筛选效果如图 7-29 所示。

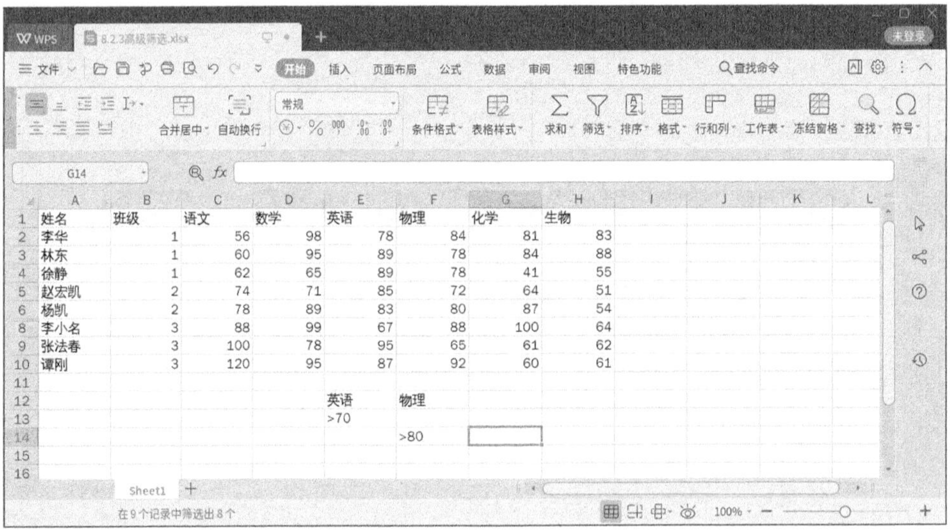

图 7-29

7.3 数据的分类汇总

在使用 WPS 表格时，用户通常需要根据数据的类型，对数据进行汇总。本节讲解 WPS 表格进行分类汇总的方式。

7.3.1 创建分类汇总

这里以按照班级汇总各班的各科总成绩为例。在进行分类汇总前，选中"B3"单元格，单击"数据"选项卡，单击"升序"图标按钮，将表格中的数据按照班级进行排序，如图 7-30 所示。

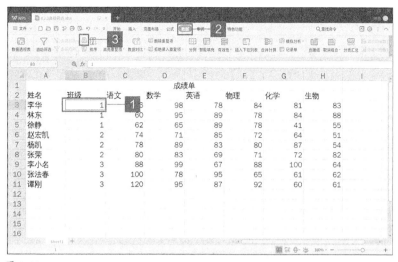

图 7-30

选中"A2:H11"单元格区域，单击"数据"选项卡，在选项卡功能面板中单击"分类汇总"按钮，如图 7-31 所示。

图 7-31

在弹出的"分类汇总"对话框中，设置分类字段以及汇总方式。这里设置"分类字段"为"班级"，"汇总方式"设置为"求和"，"选定汇总项"勾选"语文""数学""英语""物理""化学""生物"，勾选"替换当前分类汇总"和"汇总结果显示在数据下方"，单击"确定"按钮，如图 7-32 所示。

汇总后的结果如图 7-33 所示。

图 7-32

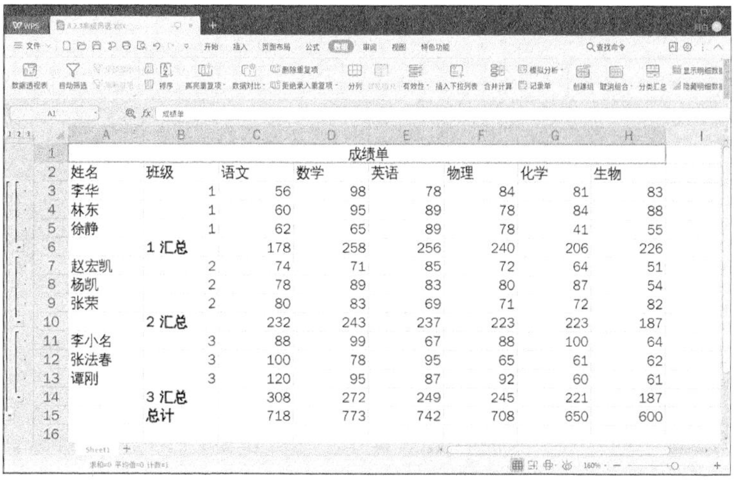

图 7-33

7.3.2 删除分类汇总

当用户需要将 WPS 表格中的数据恢复到分类汇总前的状态时，可以删除分类汇总，操作如下。

选中进行过分类汇总操作的单元格区域，单击"数据"选项卡，在选项卡功能面板中单击"分类汇总"按钮，如图 7-34 所示。

在弹出的"分类汇总"对话框中，单击"全部删除"按钮后，即可将 WPS 表格中的数据恢复到分类汇总之前的状态，如图 7-35 所示。

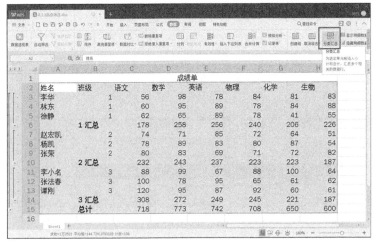

图 7-34

图 7-35

第**08**章

数据计算不求人——掌握公式与函数的应用技巧

公式和函数是 WPS 表格最重要的功能之一，熟练掌握公式和函数的使用方法能帮助用户快速地处理 WPS 表格中的各种数据。本章讲解公式和函数的使用方法。

主要内容

8.1 使用公式

本节讲解公式的使用，包括输入和编辑公式、使用运算符、运算次序、单元格的引用。

8.1.1 输入和编辑公式

1. 输入公式

用户可以在单元格或编辑栏中输入公式，任何公式都是以 =（等号）开始，具体操作如下。

以计算李晓红的平均分为例，选中“H2”单元格，输入公式“=(B2+C2+D2+E2+F2+G2)/6”，如图 8-1 所示。

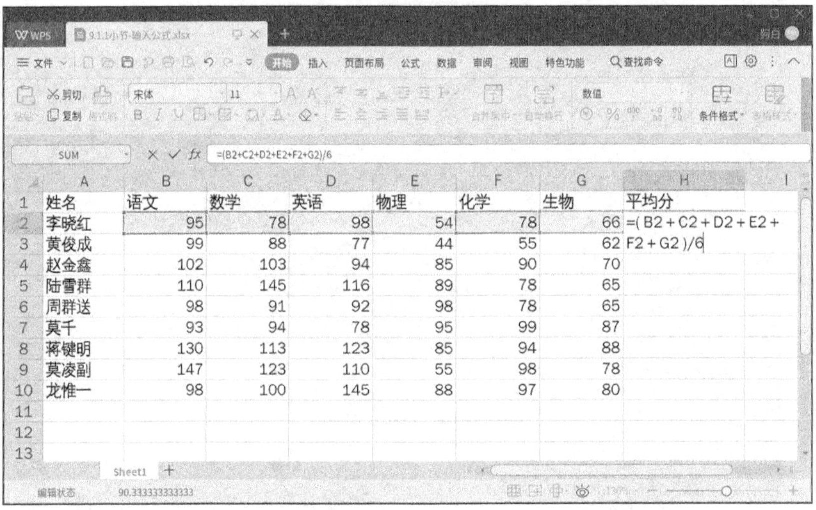

=(B2+C2+D2+E2+F2+G2)/6

	A	B	C	D	E	F	G	H
1	姓名	语文	数学	英语	物理	化学	生物	平均分
2	李晓红	95	78	98	54	78	66	=(B2 + C2 + D2 + E2 + F2 + G2)/6
3	黄俊成	99	88	77	44	55	62	
4	赵金鑫	102	103	94	85	90	70	
5	陆雪群	110	145	116	89	78	65	
6	周群送	98	91	92	98	78	65	
7	莫千	93	94	78	95	99	87	
8	蒋键明	130	113	123	85	94	88	
9	莫凌副	147	123	110	55	98	78	
10	龙惟一	98	100	145	88	97	80	

图 8-1

输入公式后，按【Enter】键，WPS 表格会根据公式自动计算出相应的结果，如图 8-2 所示。

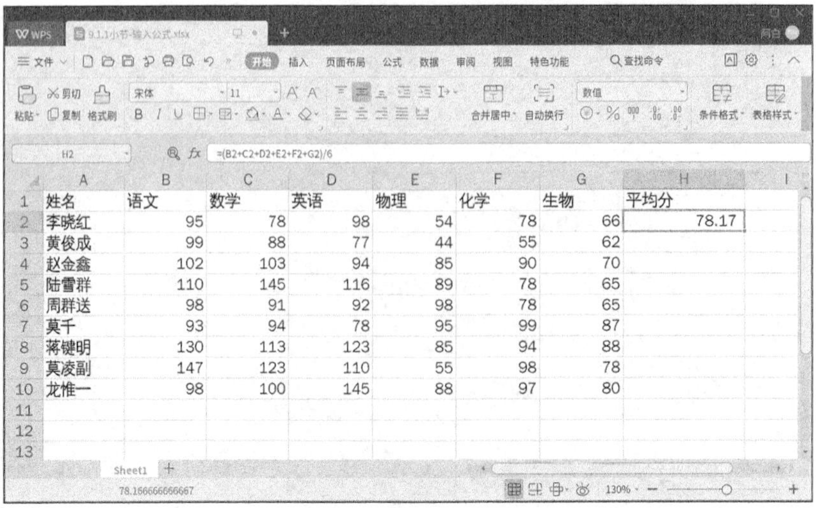

=(B2+C2+D2+E2+F2+G2)/6

	A	B	C	D	E	F	G	H
1	姓名	语文	数学	英语	物理	化学	生物	平均分
2	李晓红	95	78	98	54	78	66	78.17
3	黄俊成	99	88	77	44	55	62	
4	赵金鑫	102	103	94	85	90	70	
5	陆雪群	110	145	116	89	78	65	
6	周群送	98	91	92	98	78	65	
7	莫千	93	94	78	95	99	87	
8	蒋键明	130	113	123	85	94	88	
9	莫凌副	147	123	110	55	98	78	
10	龙惟一	98	100	145	88	97	80	

图 8-2

2. 编辑公式

当输入的公式有误时，用户可以在公式所在的单元格中，对公式的运算符和引用的单元格进行修改，具体操作如下。

双击要修改公式的单元格"H2"，公式进入编辑状态，如图 8-3 所示。

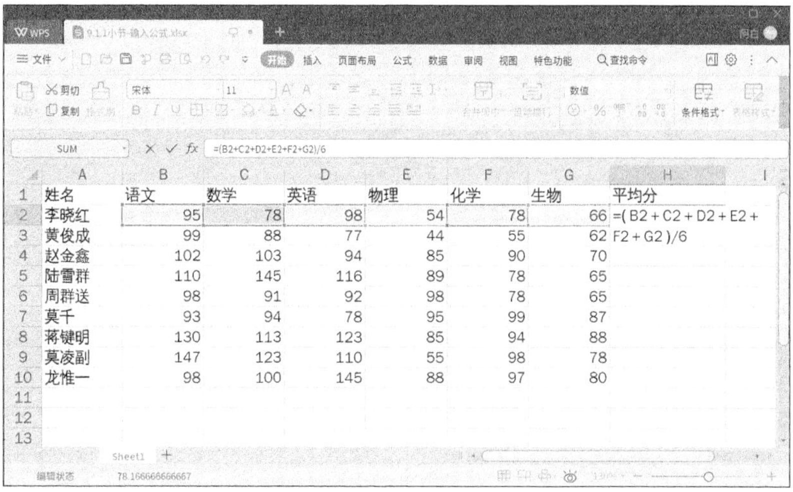

图 8-3

修改完毕后，按【Enter】键即可，如图 8-4 所示。

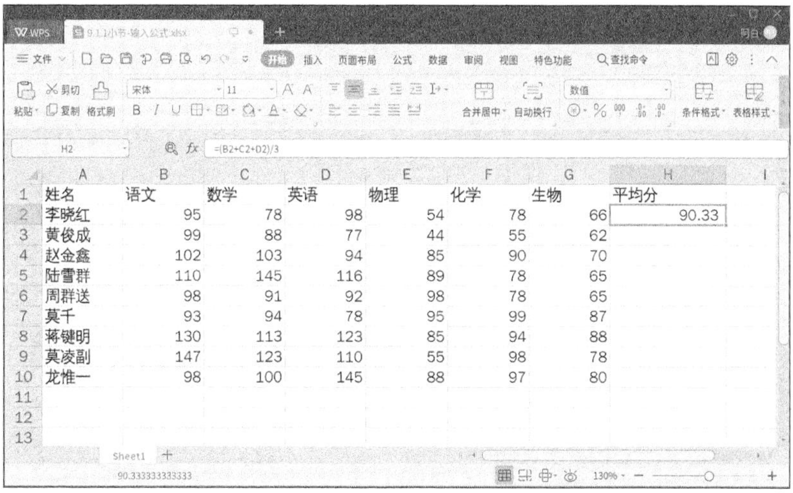

图 8-4

8.1.2　使用运算符

用户在输入公式时，可以根据实际的需求输入相应的运算符来对数据进行处理，常用的运算符有算术运算符和关系运算符。

1. 算术运算符

算术运算符就是常用的加、减、乘、除，每种运算符的作用如下。

"+"，加法的符号，计算数据之和。例如在单元格中输入"=8+24"，按【Enter】键，如图 8-5 所示。

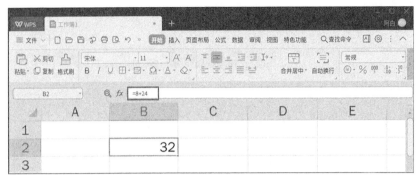

图 8-5

"-"，减法的符号，计算数据之差，也可以作为负号。例如在单元格中输入"=8-12"，按【Enter】键，可以看到结果为"-4"，如图 8-6 所示。

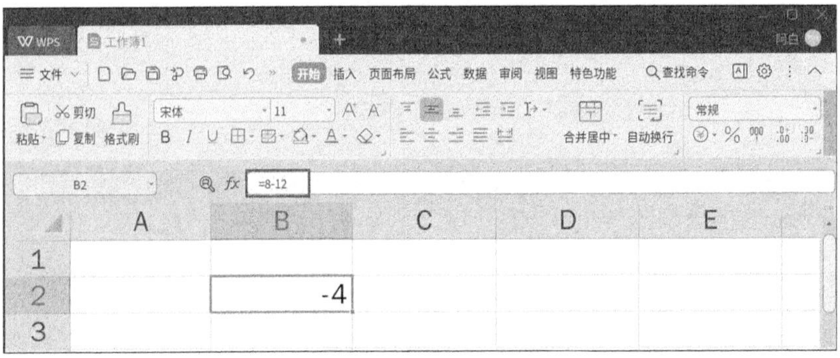

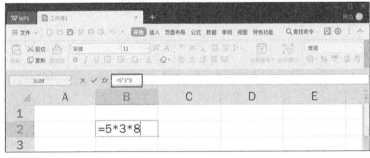

图 8-6

"*"，乘法的符号，计算数据的乘积。例如在任意单元格中输入"=5*3*8"，如图 8-7 所示。

图 8-7

"/"，除法的符号，计算数据的商。例如输入"=70/2"，按【Enter】键，如图 8-8 所示。

"%"，百分比的符号，也是运算符号。例如输入"=109%"，得出的结果就是 1.09，如图 8-9 所示。

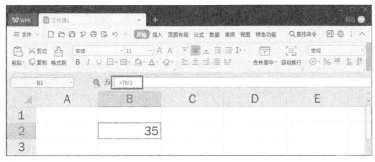

图 8-8

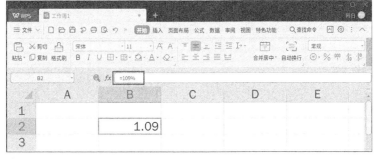

图 8-9

2．关系运算符

关系运算符用来对两个数值进行比较，产生的结果为逻辑值 TRUE（真）或 FALSE（假）。关系运算符有 =（等于）、>（大于）、<（小于）、>=（大于等于）、<=（小于等于）、<>（不等于）。例如 A1 单元格中为 4，B1 单元格中是 8，在 C1 单元格中输入"=A1>B1"，如图 8-10 所示。

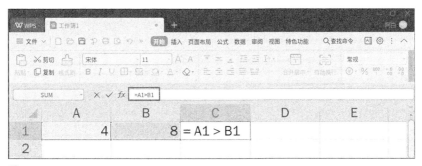

图 8-10

因为 4 是小于 8 的，所以按【Enter】键后，C1 单元格中产生的结果为 FALSE，如图 8-11 所示。

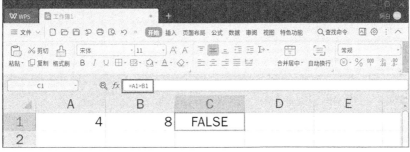

图 8-11

161

如果在 C1 单元格中输入"=A1<B1"，按【Enter】键后，C1 单元格中产生的结果就变为 TRUE，如图 8-12 所示。

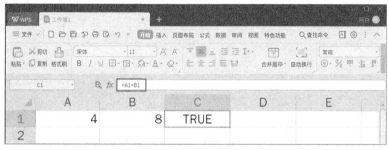

图 8-12

8.1.3 运算次序

在 WPS 表格中，每种运算都遵守一定的运算次序，其中算术运算符的运算次序要高于关系运算符。因此，当算术运算符和关系运算符共同出现在公式中时，WPS 表格会先计算算术运算符，然后才计算关系运算符。

8.1.4 单元格引用

用户在输入公式时，可以对单元格中的数据进行引用，以此来添加公式计算所需的数据。这里以计算周小米上半年工资总和为例，介绍单元格的引用方法，如图 8-13 所示。

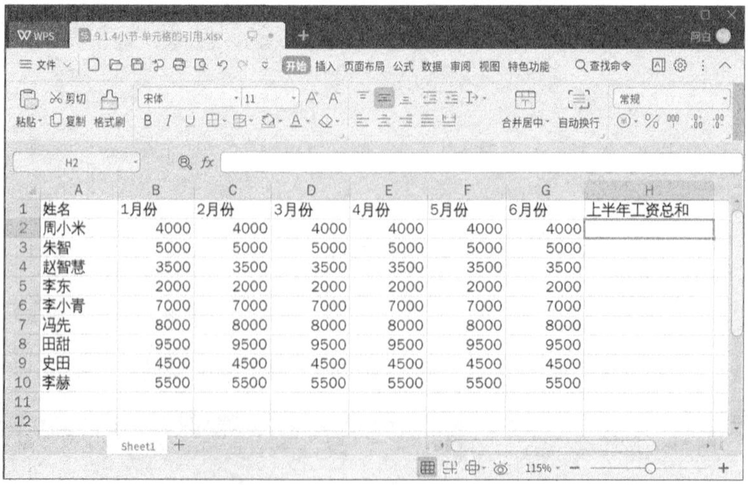

图 8-13

选择"H2"单元格，输入"="后，单击"B2"单元格，继续在 H2 单元格中输入"+"，单击"C2"单元格，依次类推，直至选中"G2"单元格，如图 8-14 所示。

按【Enter】键，即可计算出周小米上半年工资总和，如图 8-15 所示。

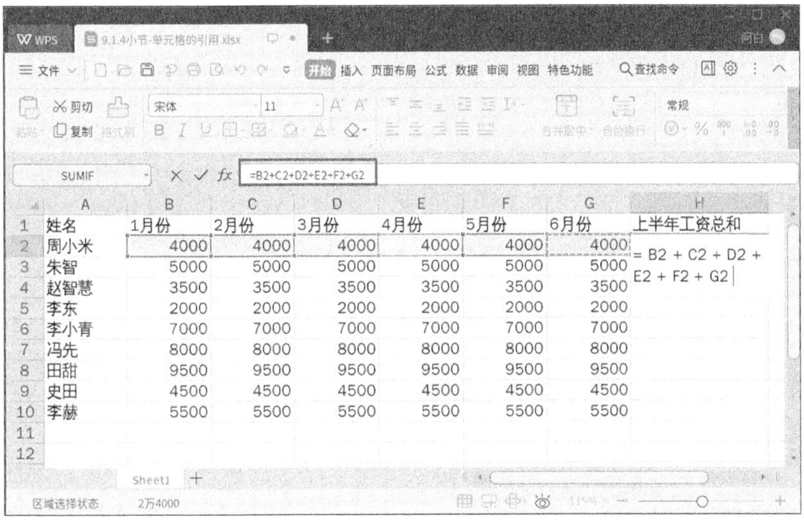

图 8-14

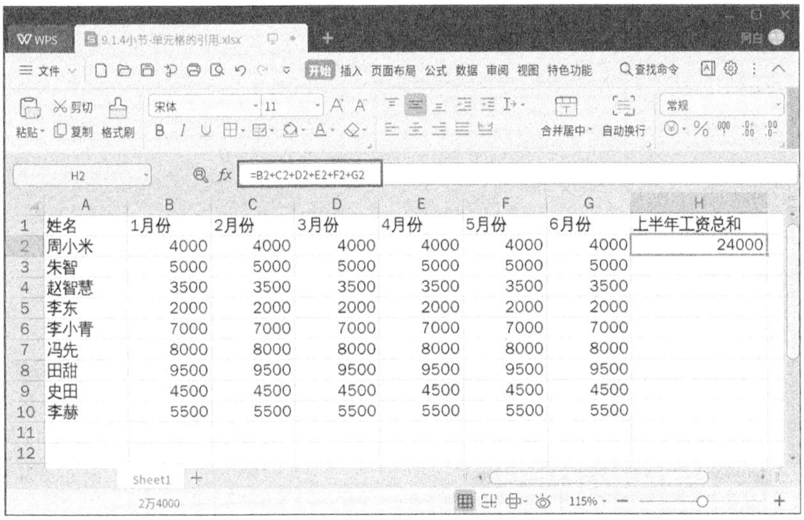

图 8-15

8.2 进阶小妙招：快速提取员工出生年月日和年龄信息

　　一般企业统计人员信息时只会统计姓名、性别、职位、身份证等信息，并没有列出出生年月日和年龄，如果单独统计员工年龄和出生年月，也没有必要，而且工作量巨大。但是在 WPS 表格中，只需要知道员工的身份证号就可以批量得到员工的出生年月日和年龄信息。

8.2.1 批量提取出生年月日信息

　　我们知道，身份证号的第 7~14 位就是出生年月日，批量提取出生年月日的操作如下。

　　在 C2 单元格中输入第一个人，也就是张三的出生年月日，即其身份证号的第 7~14 位数字，如图 8-16 所示。

选中"C2"单元格，按快捷键【Ctrl+E】，WPS 表格会自动识别提取规则，并向下填充，效果如图 8-17 所示。

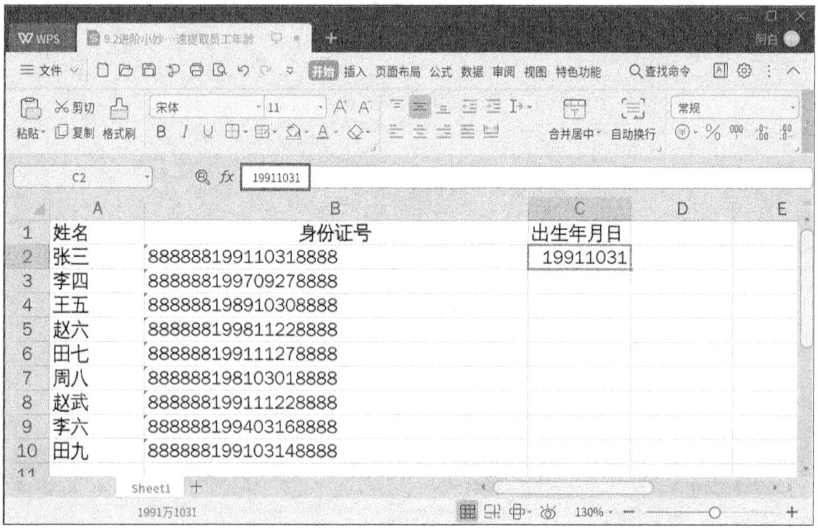

图 8-16

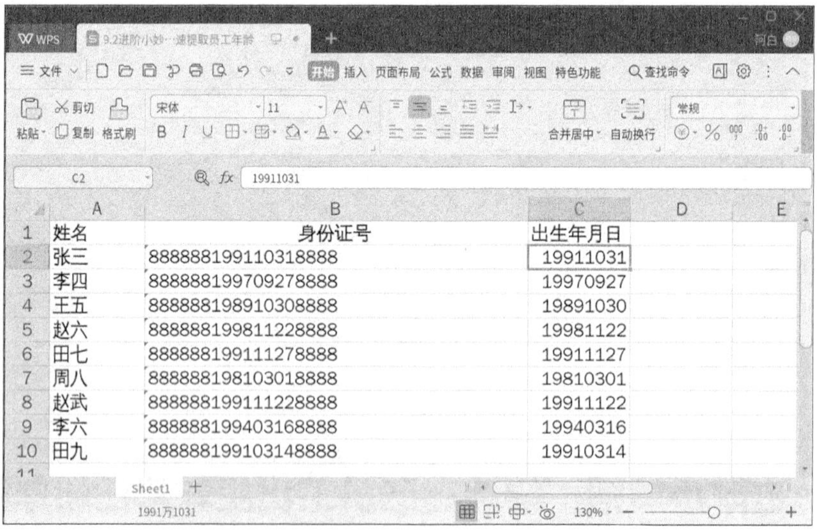

图 8-17

除此之外，还可以使用 WPS 中自带的"常用公式"快速提取员工出生年月日。选中"C2"单元格，单击"公式"选项卡，如图 8-18 所示。

在"公式"选项卡功能面板中单击"插入函数"按钮，在"插入函数"对话框中选择"常用公式"，选择"提取身份证日期"，在身份证号码后输入"B2"，如图 8-19 所示。

单击"确定"按钮，然后选中"C2"单元格，向下拖曳填充柄即可得出所有员工的年龄，如图 8-20 所示。

图 8-18

图 8-19

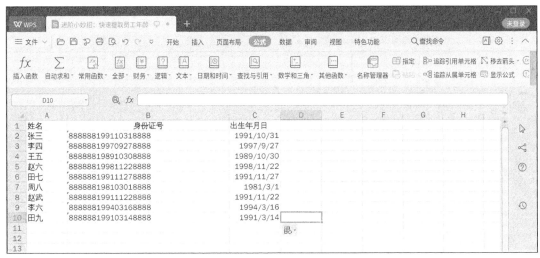

图 8-20

> **提示**
>
> 　　类似地，使用常用公式中的"提取身份证性别"，可以快速提取身份证性别。

8.2.2　批量算出年龄

　　身份证号中包含出生日期，自然就能通过它推算出年龄，操作如下。

　　在 C2 单元格中输入公式"=YEAR(NOW())-MID(B2,7,4)"，这个公式的含义为使用现在的年份，减去 B2 单元格中从第 7 位数字开始的 4 位数字，即身份证号码中的出生年份，如图 8-21所示。YEAR(NOW()) 也可以换成当前年份，如 2020。

　　按【Enter】键即可求出张三的年龄，如图 8-22 所示。

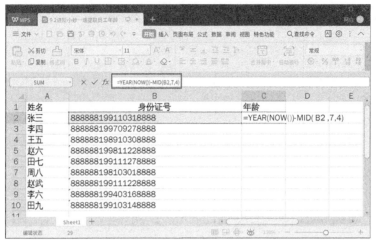

图 8-21

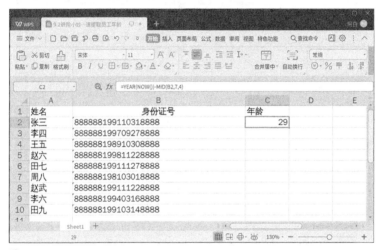

图 8-22

选中"C2"单元格,向下拖曳填充柄即可得出所有员工的年龄,如图 8-23 所示。

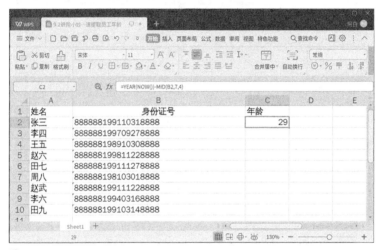

图 8-23

8.3 使用函数

函数是 WPS 表格中已经定义好的公式，它们使用称为"参数"的特定值按照特定的顺序或结构进行计算，其处理数据的方式与公式相同。利用好函数不仅可以提高工作效率，还可以降低输入时出错的概率。本节讲解函数的结构和类型、函数的输入以及常用函数的使用。

8.3.1 函数的结构和类型

1. 函数的结构

函数的结构由函数名、括号以及括号中的参数和参数分隔符 4 个部分组成，函数的通用形式可以总结为"函数名 (数值 1, 数值 2...)"，详细说明如下。

（1）函数名

函数名代表了该函数的功能，例如 SUM(B2:C3) 的意思是将"B2:C3"单元格区域中的数值相加，如图 8-24 所示。

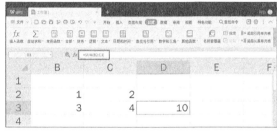

图 8-24

（2）参数

不同类型的函数给定不同类型的参数，可能是数字，也可能是文本、数组等，函数中给定的参数必须是有效数值，例如 SUM(B2:C3) 要求"B2:C3"单元格区域中保存的是数值数据。

（3）括号

任何函数都是用括号把参数括起来的，而且不管是否有参数，函数的括号必不可少。

（4）参数分隔符

WPS 表格中的函数参数之间使用英文逗号分隔。

2. 函数的类型

WPS 表格中的函数是按照其功能进行分类的。创建一个 WPS 表格，打开后，单击"公式"选项卡，在选项卡功能面板中列出的函数类型有财务、逻辑、文本等，如图 8-25 所示。

图 8-25

8.3.2　函数的输入

如果用户对函数的名称特别熟悉，可以在单元格中直接输入函数的名称进行调用。除此之外，还有两种输入函数的方法，操作如下。

方法一：选中需要输入公式的单元格，单击编辑栏左侧的"插入函数"图标按钮，如图 8-26 所示。

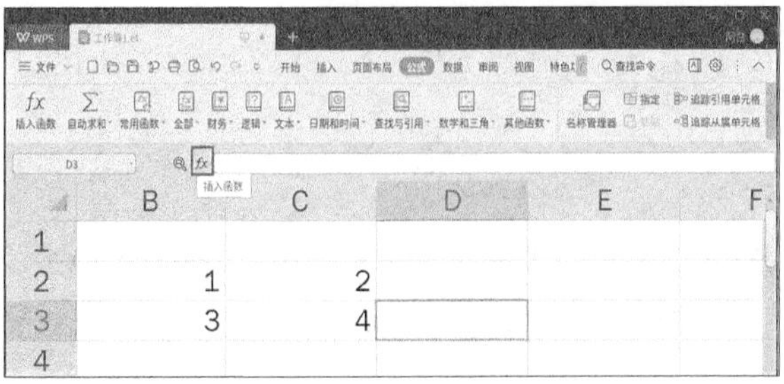

图 8-26

这时弹出"插入函数"对话框，在对话框中选择需要的函数（这里选择"SUM"函数），单击"确定"按钮，如图 8-27 所示。

进入"函数参数"对话框，输入参数后，单击"确定"按钮即可，如图 8-28 所示。

图 8-27

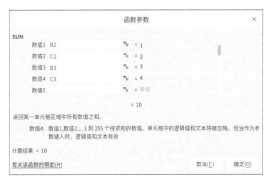

图 8-28

方法二：单击"公式"按钮，在选项卡功能面板中可以根据实际情况选择插入的函数，如插入MAX 函数，单击"常用函数"按钮，选择"MAX"，如图 8-29 所示。

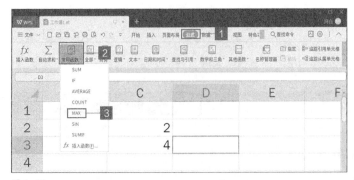

图 8-29

这时直接弹出该函数的"函数参数"对话框，输入参数，单击"确定"按钮即可，如图 8-30 所示。

图 8-30

8.3.3 常用函数的使用

本节讲解 WPS 表格常用函数的使用方法，以使读者掌握使用函数处理数据的基本方法。

1. 平均值函数 AVERAGE

AVERAGE 函数的作用是计算数据的平均值，操作如下。

单击"D1"单元格，单击"公式"按钮，在选项卡功能面板中单击"常用函数"按钮，选择"AVERAGE"，如图 8-31 所示。

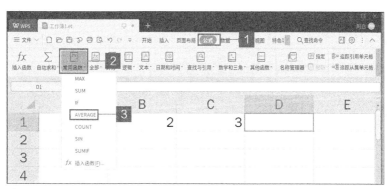

图 8-31

在"函数参数"对话框的"数值 1"文本框中插入光标，单击"A1"单元格，然后将光标插入"数值 2"文本框中，单击"B1"单元格，再将光标插入"数值 3"文本框中，单击"C1"单元格，单击"确定"按钮，如图 8-32 所示。

WPS 表格根据引用单元格的数据，自动计算出平均值，并将计算结果显示在单元格中，如图 8-33 所示。

2. 最大值函数 MAX 和最小值函数 MIN

MAX 函数的作用是计算引用单元格区域中的数据的最大值，MIN 函数的作用是计算引用单元格区域中的数据的最小值，二者使用方法类似，这里以 MAX 函数为例，操作如下。

在单元格中输入"=MAX"后，在弹出的菜单中选择"MAX"，如图 8-34 所示。

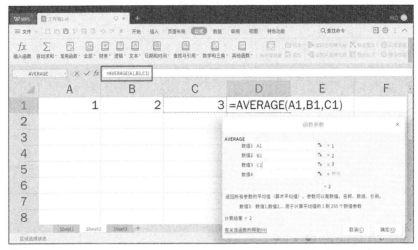

图 8-32

图 8-33

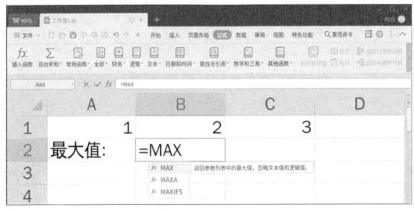

图 8-34

光标默认在函数的括号中，拖曳选中需要参与计算的单元格，对单元格中的数据进行引用，这里选择的是"A1:C1"单元格区域，如图 8-35 所示。

按【Enter】键，WPS 表格就会对引用单元格中的数据进行比较，求出这些数据中的最大值，并且最大值的计算结果会显示在单元格中，如图 8-36 所示。

图 8-35

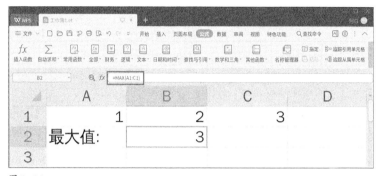

图 8-36

3. 条件函数 IF

IF 函数的作用是通过判断条件是否成立，来选择执行的功能。例如通过判断学生的总分是否大于500，来对学生的学习成绩进行评价，总分大于 500 评价为优秀，小于 500 评价为良好，操作如下。

选中"I2"单元格，单击"公式"选项卡，在选项卡功能面板中单击"逻辑"按钮，在弹出的菜单中选择"IF"，如图 8-37 所示。

图 8-37

在弹出的"函数参数"对话框中设置 IF 函数的参数，这些参数包括测试条件、真值、假值 3 种，详细讲解如下。

- 测试条件：在这个参数中，需要选择并引用一个单元格中的数据，并在"测试条件"文本框中，使用">""<""="等关系运算符设置测试条件。这里以引用"总分"列中的数据，并使用">"运算符将"测试条件"设置成">500"为例，输入"H2>500"。

- 真值：设置测试条件成立后，IF 函数执行的功能，这里将测试条件成立后执行的功能设置为"优秀"。

- 假值：设置测试条件不成立后，IF 函数执行的功能，这里将测试条件不成立后执行的功能设置为"良好"。

设置完成后如图 8-38 所示。

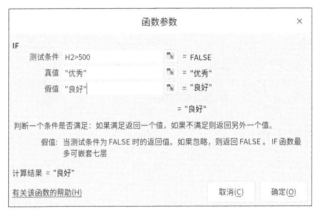

图 8-38

单击"确定"按钮，WPS 表格会根据学生的总分情况给出相应的评价，如图 8-39 所示。

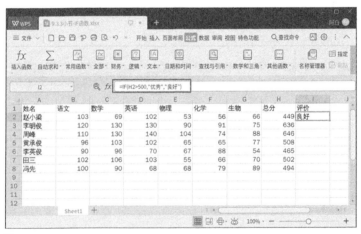

图 8-39

4. 求和函数 SUM

SUM 函数的作用是对数据进行求和，操作如下。

用户在单元格中输入"=SUM"后，在弹出的菜单中选择"SUM"，如图 8-40 所示。

光标默认在函数括号的位置，拖曳选中需要参与计算的单元格，对单元格中的数据进行引用，这里引用的是"A1:C1"单元格区域，如图 8-41 所示。

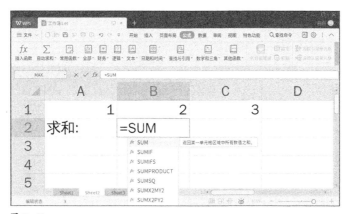

图 8-40

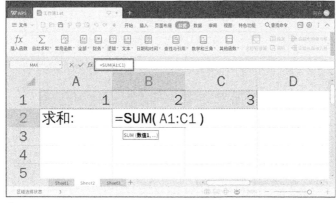

图 8-41

引用单元格的数据后，按【Enter】键，WPS 表格就会根据引用单元格的数据自动进行求和，并将计算结果显示在单元格中，如图 8-42 所示。

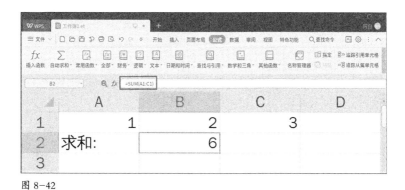

图 8-42

8.4　数据有效性

为了避免在使用 WPS 表格时由于数据输入错误而造成的损失，用户可以通过设置数据有效性来避免输入错误数据，同时提醒对错误的数据进行修改，操作如下。

选中需要设置错误提示的单元格区域，然后单击"数据"选项卡，在选项卡功能面板中单击"有效性"按钮，如图 8-43 所示。

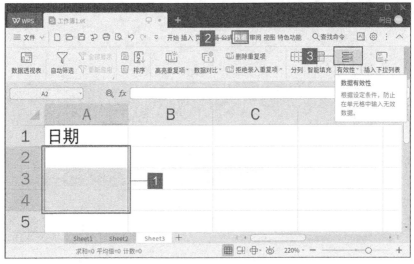

图 8-43

在弹出的"数据有效性"对话框中设置"允许"和"数据"选项，以此来设置数据的类型和范围，如"允许"设置为"日期"，"数据"设置为"大于"，"开始日期"设置为"2020/1/1"，如图 8-44 所示。

在"数据有效性"对话框中，单击"输入信息"选项卡，设置输入时的提醒日期，这里将"标题"设置为"输入日期"，"输入信息"设置为"有效期为 2020 年 1 月 1 日后"，如图 8-45 所示。

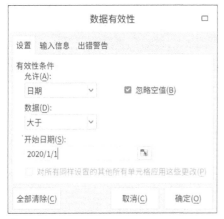

图 8-44

图 8-45

单击"出错警告"选项卡，并在"标题"和"错误信息"文本框中分别设置错误信息提示的标题，以及错误信息提示的详细内容，如这里标题设置为"无效日期"，"错误信息"设置为"请输入 2020 年 1 月 1 日之后的日期"，单击"确定"按钮，如图 8-46 所示。

单击设置数据有效性的单元格，会弹出输入信息提示，如图 8-47 所示。

图 8-46

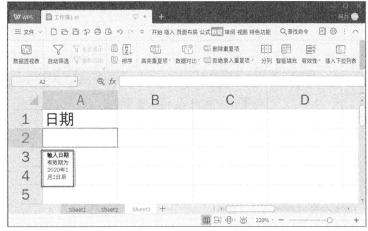

图 8-47

当输入不符合数据有效性条件的数据时会弹出出错警告，提示用户数据输入不正确，如这里在单元格中输入"2019/1/1"时会弹出设置的出错警告，如图 8-48 所示。

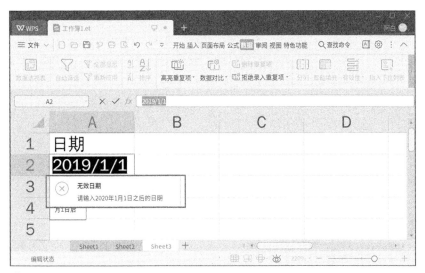

图 8-48

第09章

让数据会说话——掌握图表的应用技巧

为了让表格更加美观，显示的数据更加直观，本章将讲解如何美化表格以及常用的图表应用技巧。

9.1 美化表格

制作完表格后，可以通过绘制和编辑表格框线、添加填充色等方式来美化表格。除此之外，WPS 表格还提供了定义好的表格样式，能够一键美化表格，大大提高工作效率。

9.1.1 绘制和编辑表格框线

表格框线可以使用绘图边框直接绘制，也可以通过设置单元格格式来添加。

1. 绘制表格框线

WPS 表格通过绘图边框网格功能以网格形式绘制单元格。单击"开始"选项卡，并在选项卡功能面板中单击"绘图边框网格"图标右侧的下拉按钮，在弹出的菜单中选择"线条颜色"，设置表格框线的颜色，如图 9-1 所示。

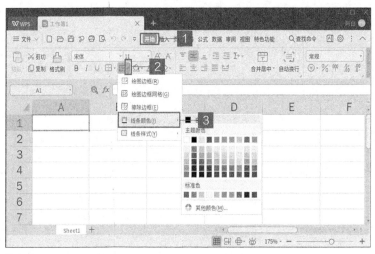

图 9-1

使用类似的方法可以设置表格框线的线条样式，如图 9-2 所示。

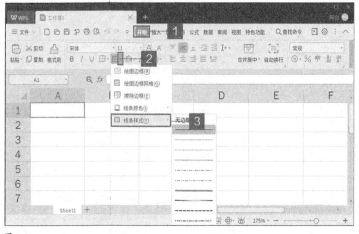

图 9-2

然后可以在"绘图边框网格"的下拉菜单中选择"绘图边框"或"绘图边框网格"来设置绘制表格框线的方式，在表格中拖曳选中需要框线的区域即可完成绘制。它们的区别是一个只绘制选择区域的外边框，另一个是按照网格绘制出所有框线。以绘制"B2:B5"单元格区域为例，图 9-3 所示的是绘图边框。

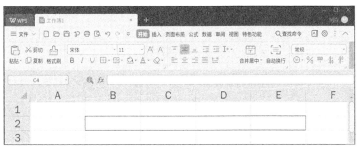

图 9-3

图 9-4 所示的是绘图边框网格。

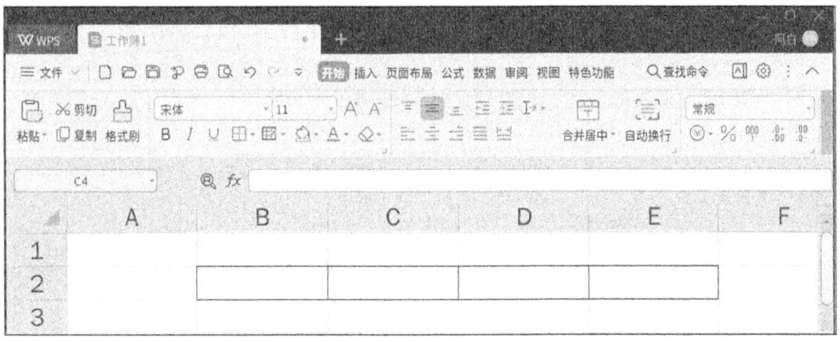

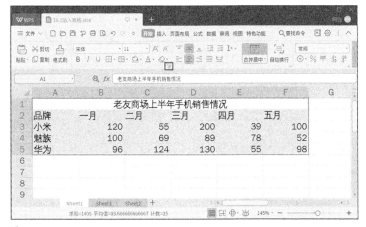

图 9-4

如果需要去掉边框线，则可以在"绘图边框网格"图标按钮的展开菜单中选择"擦除边框"，选择需要去掉框线的区域即可。如果已经完成框线的绘制，单击"绘图边框网格"图标按钮或按【Esc】键即可退出编辑状态。

2．编辑表格框线

除了直接绘制框线外，还可以通过设置单元格格式来编辑框线。选中需要设置框线的单元格区域，单击"开始"选项卡，在选项卡功能面板中单击"字体组"右下角的对话框启动器按钮，如图 9-5 所示。

图 9-5

在"单元格格式"对话框中单击"边框"选项卡，可以添加边框、设置框线的线条样式和颜色、添加斜线，如图 9-6 所示。

图 9-6

设置完成后单击"确定"按钮，即可完成框线样式的添加。

9.1.2 设置表格颜色

用户可以通过设置表格填充颜色的方式，来美化表格或对重要的数据进行标记，操作如下。

选中需要设置颜色的单元格区域，单击"开始"选项卡中"填充颜色"图标右侧的下拉按钮，在弹出的菜单中选择需要设置的颜色，如图 9-7 所示。

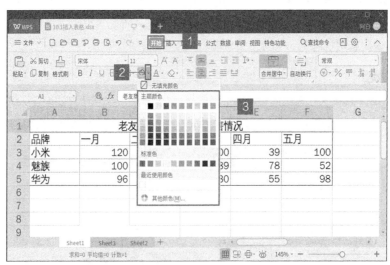

图 9-7

9.1.3 设置表格样式

WPS 表格中有很多预置的表格样式，不仅可以美化表格，还能提升表格演示的效果。选中需要设置表格样式的单元格区域，单击"开始"选项卡，在选项卡功能面板中单击"表格样式"按钮，如图 9-8 所示。

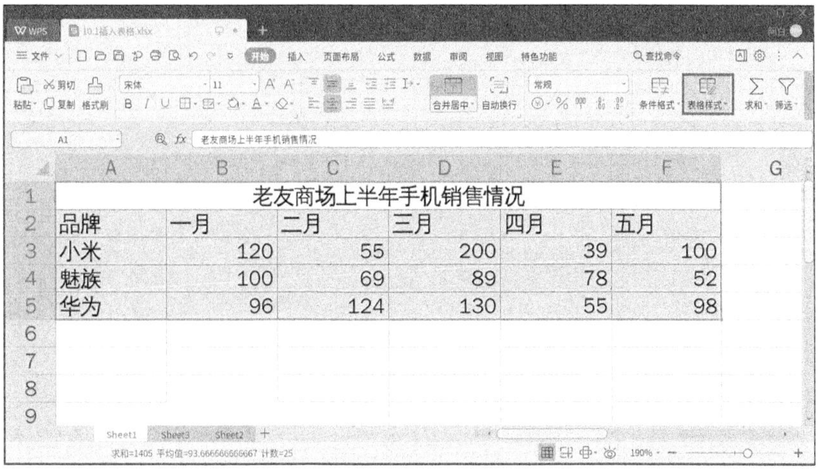

图 9-8

WPS 表格默认有浅、中等、深 3 种风格的表格样式，单击其中一种即可对当前选中的区域应用表格样式，效果如图 9-9 所示。

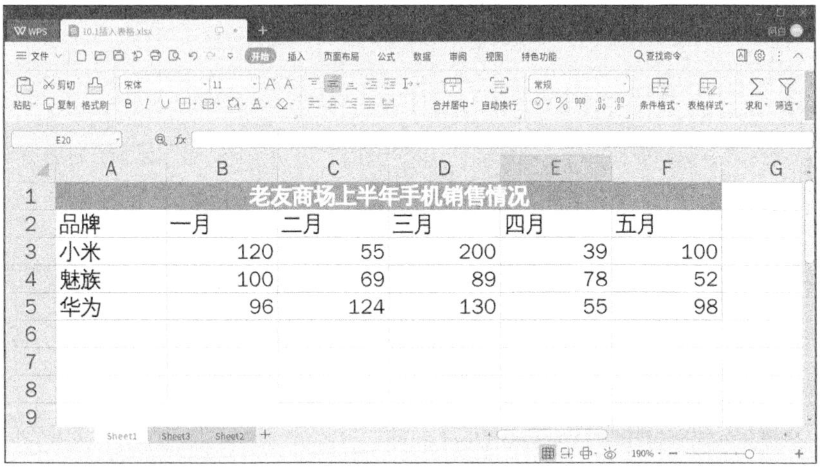

图 9-9

9.2　进阶小妙招：用好格式刷，格式设置不用怕

在输入数据后，为了美观，可对表格的样式进行设置，包括字体、字号、字体颜色、填充色等。但是如果设置时同类型的数据都需来这完整的一套，想想就很头疼。不要担心，WPS 表格的格式刷可以一键解决这个问题。格式刷可以复制当前单元格应用的样式，将其应用到其他单元格中，并且应用到多少个单元格都是 1 秒就能解决的事儿。具体操作如下。

选中需要复制样式的单元格，这里选择"B1"单元格，单击"开始"选项卡，在选项卡功能面板中单击"格式刷"按钮，如图 9-10 所示。

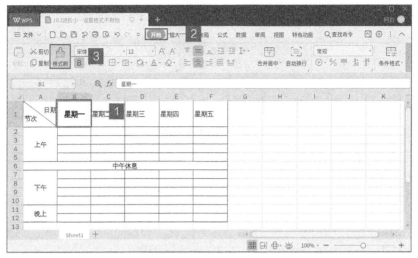

图 9-10

选中应用该样式的单元格区域，这里选择的是"C1:F1"单元格区域，即可将样式应用到该单元格区域中，如图 9-11 所示。

图 9-11

提示

  如果想将格式刷复制的样式应用到多个不连续的单元格区域中，选中需要复制样式的单元格后，双击"格式刷"按钮即可将复制的样式应用到多个不连续的单元格区域中。如果不想应用格式刷复制的样式，再次单击"格式刷"按钮即可。

9.3 创建图表

为了使表格中的数据更直观易懂，可以使用 WPS 表格的创建图表功能，让表格中的数据以图表的形式显示。

9.3.1　插入图表

WPS 表格可以根据数据自动生成图表，让数据以图表的形式显示，操作如下。

选中"A1:G5"单元格区域，单击"插入"选项卡，在选项卡功能面板中单击"图表"按钮，如图 9-12 所示。

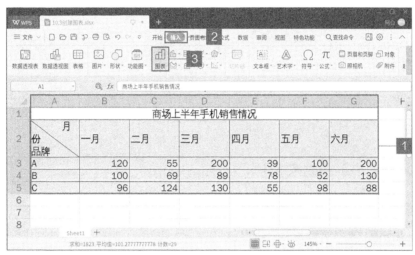

图 9-12

在弹出的"插入图表"对话框的左侧选择图表的类型，这里主要看 3 款手机品牌销量的数据对比，因此选择"柱形图"，使用默认的"簇状柱形图"模板，单击"确定"按钮，如图 9-13 所示。

返回工作表，插入图表后的效果如图 9-14 所示。

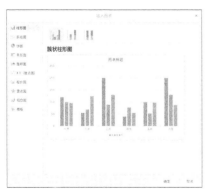

图 9-13

图 9-14

单击图表标题位置，在文本框中输入图表标题"商场上半年手机销售情况"，如图 9-15 所示。

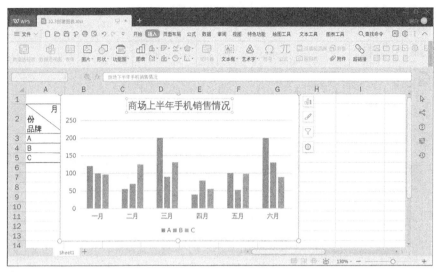

图 9-15

9.3.2　调整图表的位置和大小

图表的位置和大小可以根据实际情况进行调整。

1．调整图表的位置

将鼠标指针放置在图表内的空白处，也就是图表区，单击然后拖曳，可以调整图表的位置，如图 9-16 所示。也可以使用【↑】【↓】【←】【→】键来调整图表的位置。

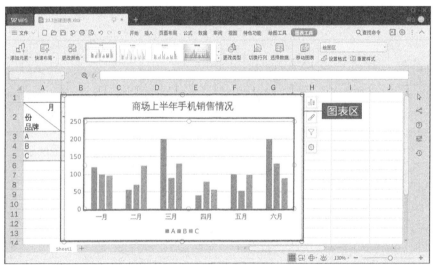

图 9-16

2．调整图表的大小

选中图表区后，图表四周会出现 6 个控制点，将鼠标指针放置在控制点上，按住鼠标左键拖曳即可调整图表的大小，效果如图 9-17 所示。

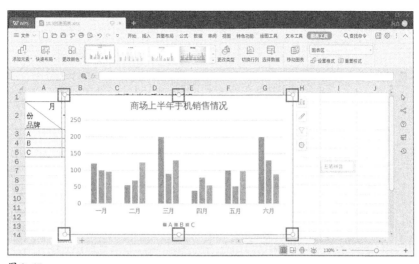

图 9-17

9.3.3　重新选择图表数据源

用户可以选择对图表的数据源进行替换，这里以将图表的数据源由"A1:G5"替换为"K1:Q5"为例，操作如下。

单击选中图表，单击"图表工具"选项卡，在选项卡功能面板中单击"选择数据"按钮，如图 9-18 所示。

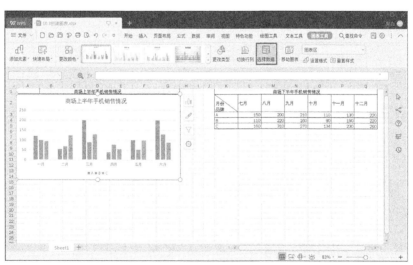

图 9-18

这时弹出"编辑数据源"对话框，如图 9-19 所示。

选中"K1:Q5"单元格区域，单击"编辑数据源"对话框中的"确定"按钮，如图 9-20 所示。

在工作表中可以看到图表显示的数据已经替换成了"K1:Q5"单元格区域中的数据，替换完数据源后还需要根据数据源修改图表标题，如图 9-21 所示。

图 9-19

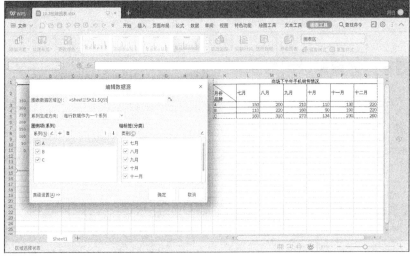

图 9-20

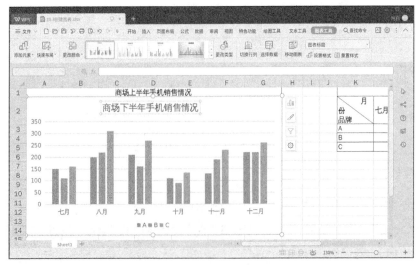

图 9-21

9.3.4 交换图表的行和列

选中图表，在"图表工具"选项卡功能面板中单击"切换行列"按钮，图表上的行和列即可自动切换，如图 9-22 所示。

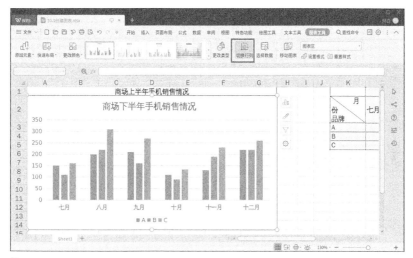

图 9-22

调整图表的行和列后，效果如图 9-23 所示。

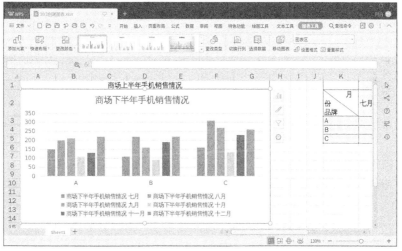

图 9-23

9.3.5 更改图表类型

在插入图表后，如果想换一种图表类型，可以选择"更改类型"直接进行切换，这里以将图表的类型从柱形图更改为折线图为例，操作如下。

选中插入的图表，单击"图表工具"选项卡功能面板中的"更改类型"按钮，如图 9-24 所示。

在弹出的"更改图表类型"对话框中重新选择图表的类型，这里切换到"折线图"选项卡，选择"折线图"，如图 9-25 所示。

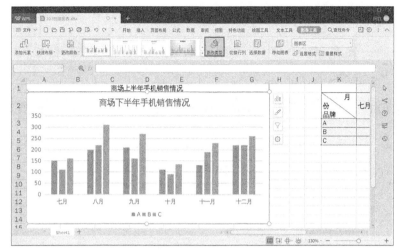

图 9-24

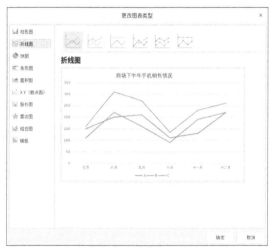

图 9-25

更改后，效果如图 9-26 所示。

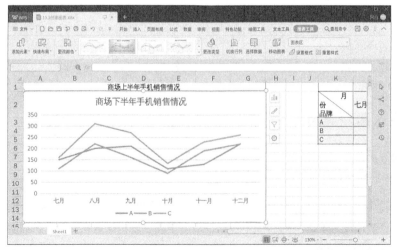

图 9-26

9.4　编辑并美化图表

插入图表后，用户可以根据实际情况对图表的格式、坐标轴、标题等进行设置，让表格看起来更加完善、美观。

9.4.1　添加坐标轴标题

新插入的图表坐标轴上默认只显示数据类型的名称，没有标题，可以根据情况添加坐标轴标题，使图表更加直观，操作如下。

选中图表，单击图表右侧的"图表元素"图标按钮，在弹出的菜单中勾选"轴标题"复选框，如图9-27所示。

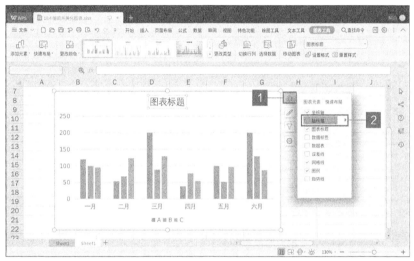

图 9-27

在图表的左侧和下方可以看到添加的坐标轴标题文本框，如图9-28所示。

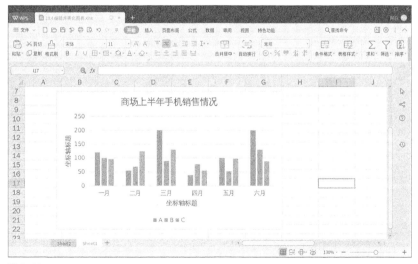

图 9-28

可以设置坐标轴标题显示的内容，这里横坐标设置为"月份"，纵坐标设置为"品牌"，如图 9-29 所示。

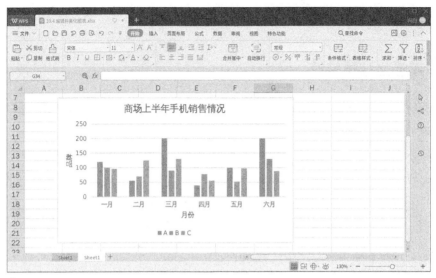

图 9-29

9.4.2 添加数据标签

添加数据标签后，图表上能够显示具体的数值，操作如下。

选中图表，单击"图表元素"图标按钮，在弹出的菜单中勾选"数据标签"，如图 9-30 所示。

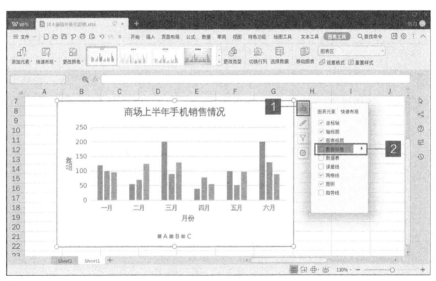

图 9-30

图表中的数据会显示出具体的数值，如图 9-31 所示。

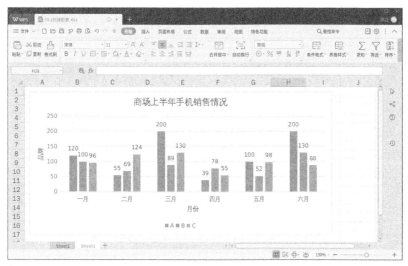

图 9-31

9.4.3 调整图例位置

图例的显示位置可以进行设置，操作如下。

选中图表，单击"图表工具"选项卡，在选项卡功能面板中单击"设置格式"按钮，如图 9-32 所示。

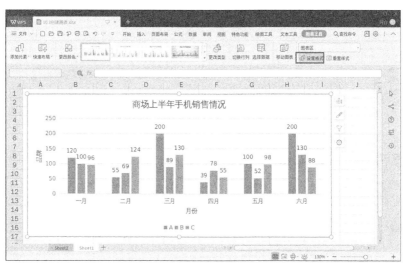

图 9-32

在 WPS 表格界面右侧的"属性"窗格中，单击"图表选项"右侧的下拉按钮，在弹出的菜单中选择"图例"，如图 9-33 所示。

单击"图例"选项卡，然后单击"图例选项"左侧的下拉按钮，在展开的菜单中可以选择设置图例的位置，可选的图例位置包括靠上、靠下、靠左、靠右、右上 5 种，这里选择"靠右"，图表会自动将图例的位置更新为"靠右"，如图 9-34 所示。

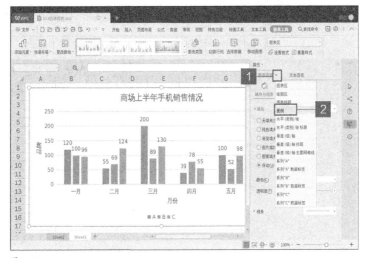

图 9-33

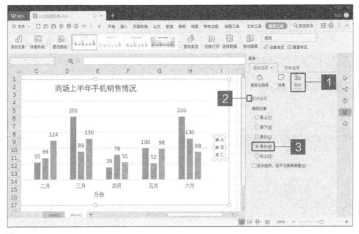

图 9-34

9.4.4　添加并设置趋势线

为了更加直观地体现数据的变化情况，用户可以添加趋势线。

1. 添加趋势线

选中图表，单击"图表元素"图标按钮，在弹出的菜单中勾选"趋势线"复选框，如图 9-35 所示。

在弹出的"添加趋势线"对话框中选择需要添加趋势线的数据，这里选择的是"A"，单击"确定"按钮，如图 9-36 所示。

图表显示相应数据的趋势线，如图 9-37 所示。

2. 设置趋势线

选中图表中添加的趋势线，单击鼠标右键，在弹出的快捷菜单中选择"设置趋势线格式"，如图 9-38 所示。

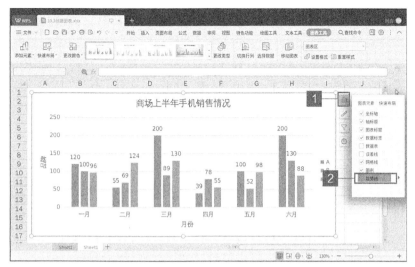

图 9-35

图 9-36

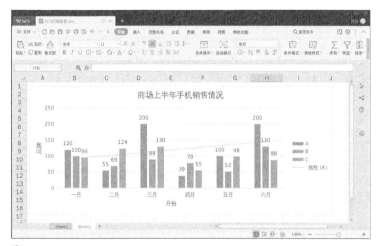

图 9-37

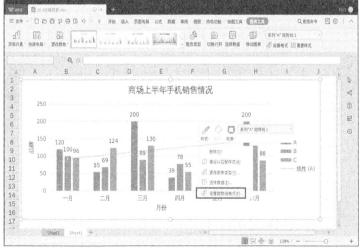

图 9-38

在工作表右侧的"趋势线选项"中可以对趋势线选项、名称等进行调整，这里以设置趋势线名称为例。单击"趋势线名称"下的"自定义"单选按钮，在"自定义"单选按钮右侧的文本框中输入"A 的趋势线"并按【Enter】键确认，图表中自动更新趋势线的名称，如图 9-39所示。

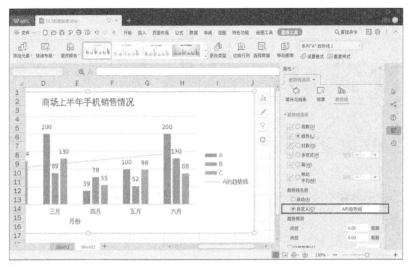

图 9-39

9.4.5 设置图表区样式

图表区默认为白色，选中图表区，单击鼠标右键，在弹出的快捷菜单中选择"设置图表区域格式"，如图 9-40 所示。

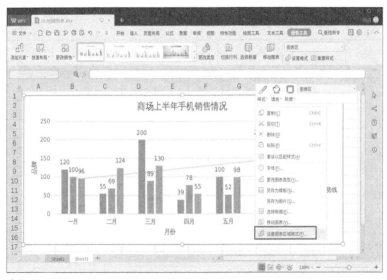

图 9-40

在工作表右侧的"图表选项"下可以设置图表的填充效果，这里以图案填充为例，填充方式设置为"图案填充",如图 9-41 所示。

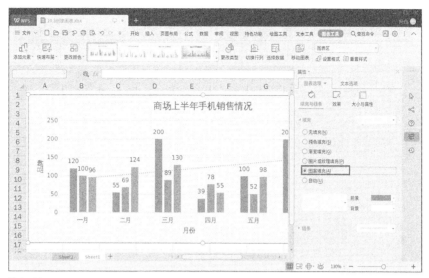

图 9-41

　　除了添加填充效果外,还可以设置图表边框的线条。单击"效果"按钮,为绘图区添加阴影、发光、柔化边缘效果,如图 9-42 所示。

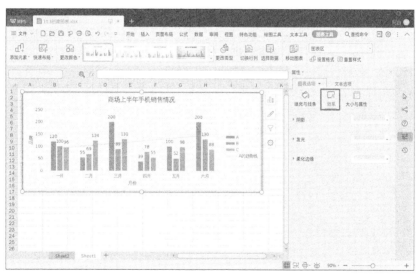

图 9-42

9.4.6　设置绘图区样式

　　与图表区类似,绘图区也可以设置填充、线条和效果,操作如下。选中绘图区,单击鼠标右键,在弹出的快捷菜单中选择"设置绘图区格式",如图 9-43 所示。

　　在工作表右侧的"绘图区选项"下可以设置绘图区的填充与线条以及效果。这里以将填充

设置为纯色为例，将填充方式设置为"纯色填充"，图表会同时显示填充的效果，如图 9-44
所示。

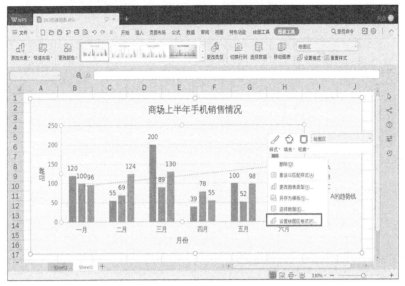

图 9-43

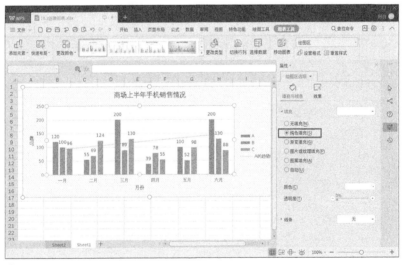

图 9-44

9.4.7 设置数据系列颜色

图表中的数据系列可以根据情况进行自定义。选中图表中某个系列的数据，这里选择 C 品
牌系列的数据，单击鼠标右键，在弹出的快捷菜单中选择"设置数据系列格式"，如图 9-45
所示。

在工作表右侧的"系列选项"下单击"填充与线条"，即可设置填充的颜色以及填充的方式。
设置方法与设置图表区域、绘图区域样式类似，这里不再进行详细讲解，如图 9-46 所示。

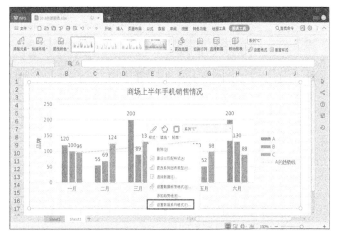

图 9-45

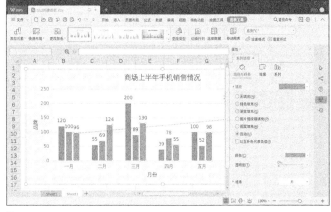

图 9-46

9.4.8 应用图表样式

选中图表，单击"图表工具"选项卡功能面板中的图表样式即可，或单击图表右侧的"图表样式"图标按钮，如图 9-47 所示。

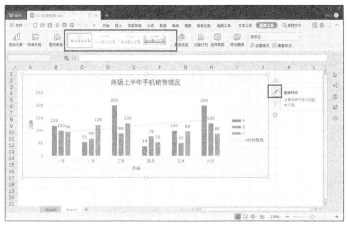

图 9-47

在弹出的菜单中选择样式，这里以选择"样式 10"为例，效果如图 9-48 所示。

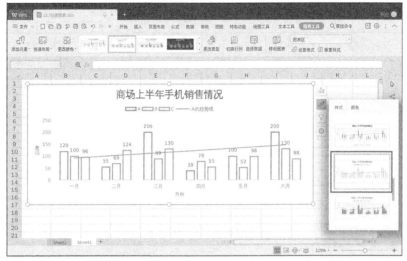

图 9-48

9.5 使用数据透视表

数据透视表可以动态地改变版面布置，按照不同方式分析数据，帮助我们快速收集想要的数据。

9.5.1 创建数据透视表

选中"A1:E13"单元格区域，单击"插入"选项卡，在选项卡功能面板中单击"数据透视表"按钮，如图 9-49 所示。

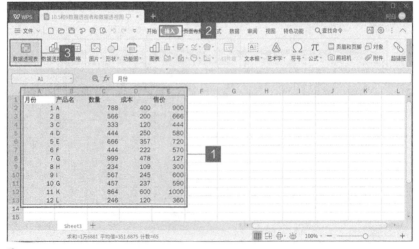

图 9-49

在弹出的"创建数据透视表"对话框中，单击"新工作表"或"现有工作表"单选按钮来决定是在当前的工作表中显示数据透视表，还是在新工作表中显示数据透视表，这里选择"新工作表"，单击"确定"按钮，如图 9-50 所示。

在 WPS 表格中就出现了一个新工作表。左边是空白的透视表区域，右边是数据透视表字段列表，字段列表处显示的字段标题是原始数据区域的表头，可以拖动到下面的 4 个区域中进行设置，如图 9-51 所示。

图 9-50

图 9-51

将产品名拖入"行"区域，将"数量""成本""售价"拖入"值"区域，这时，我们可以看到左方的数据透视表已经按照不同的产品将数量、成本、售价进行了汇总，如图 9-52 所示。

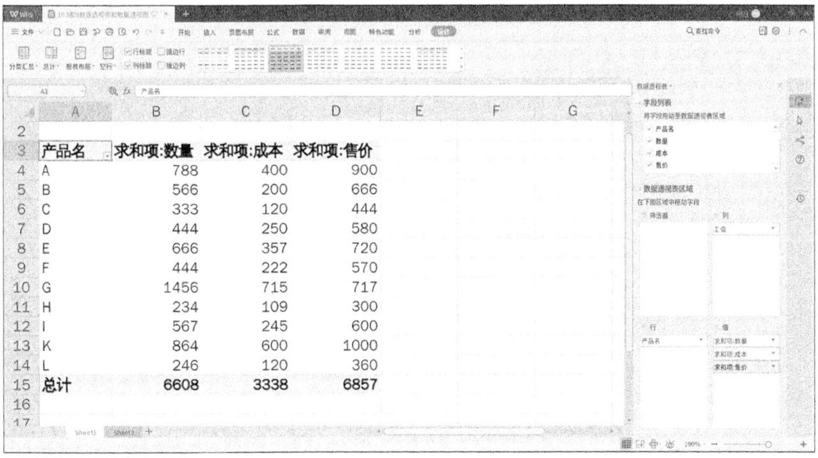

图 9-52

可以根据行标签对数据进行筛选。单击 A3 单元格右半部分的下三角按钮，在弹出的下拉列表框中取消勾选"全部"，然后选择查询产品名"A""B"，单击"确定"按钮，如图 9-53 所示。

查询效果如图 9-54 所示。

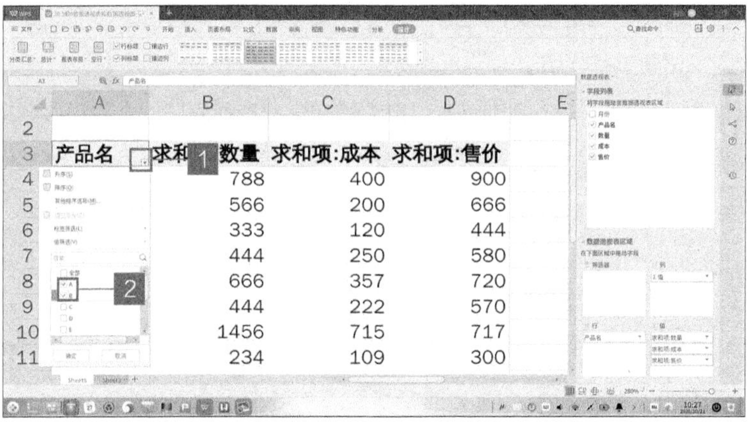

图 9-53

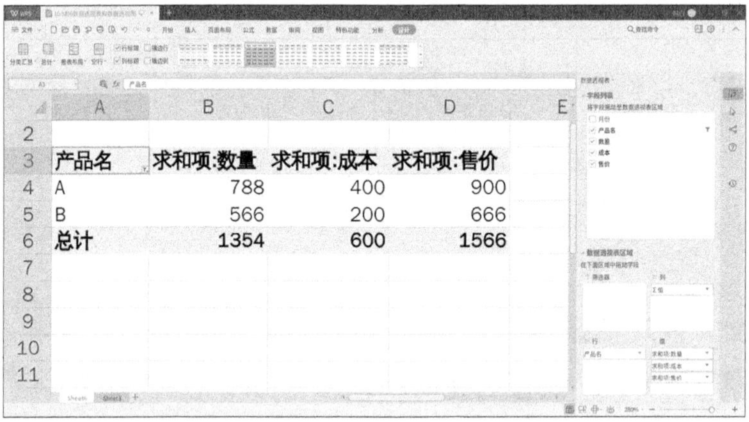

图 9-54

9.5.2　隐藏与显示字段列表

选中透视表的单元格，在工作表右侧的"字段列表"中单击字段左侧的复选框，可以控制字段列表的隐藏和显示，这里以取消"成本"字段复选框的勾选为例，如图 9-55 所示。

图 9-55

9.5.3 重命名字段

选中透视表的字段，这里选择"数量"字段，单击"分析"选项卡，在选项卡功能面板中单击"字段设置"按钮，如图 9-56 所示。

这时弹出"值字段设置"对话框，在"自定义名称"文本框中对字段进行重命名，这里将字段重命名为"销售数量"，单击"确定"按钮，如图 9-57 所示。

图 9-56   图 9-57

WPS 表格会自动更新重命名后的名称，如图 9-58 所示。

图 9-58

9.5.4 设置值字段

在数据透视表中，设置在"值"区域的字段被称为"值字段"，用户可以设置值字段的计算方式。下面举例说明。

这里设置的值字段为"数量"，因此用户需要选中数量字段所在的"B3"单元格，然后单击"分析"选项卡，在选项卡功能面板中单击"字段设置"按钮，在弹出的"值字段设置"对话框中选择一种值字段的计算方式，这里选择"最大值"，单击"确定"按钮，如图 9-59 所示。

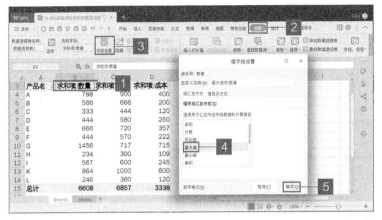

图 9-59

WPS 表格会自动计算出值字段的最大值，如图 9-60 所示。

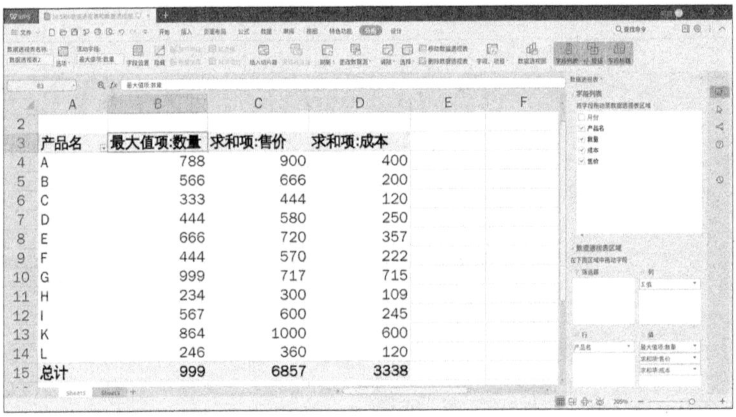

图 9-60

9.5.5 设置透视表样式

首先单击透视表所在的单元格，然后单击"设计"选项卡，在选项卡功能面板中单击样式旁的下拉按钮，在弹出的菜单中，用户可以对透视表的样式进行选择和设置，如图 9-61 所示。

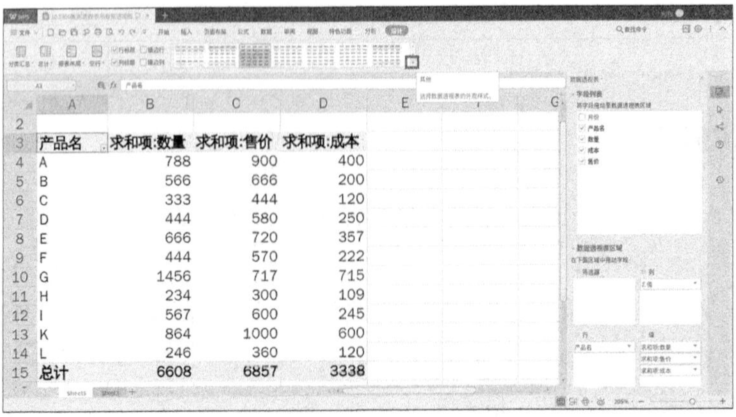

图 9-61

这里选择"数据透视表样式中等深浅 3"，WPS 表格会根据用户的选择自动更新透视表的样式，效果如图 9-62 所示。

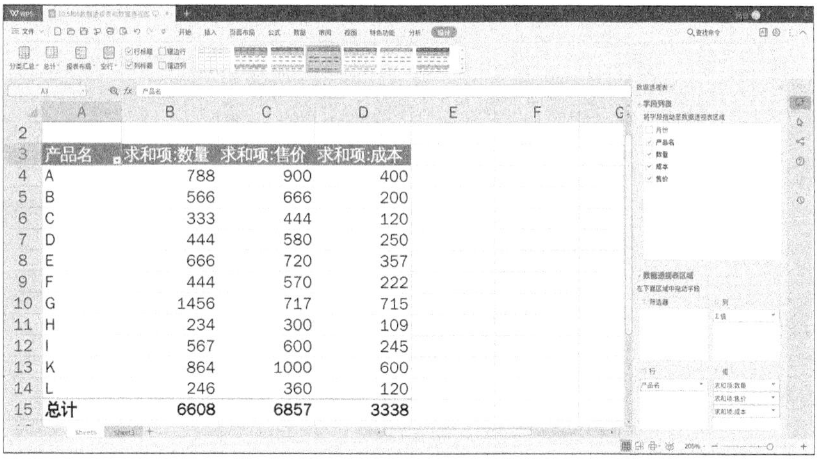

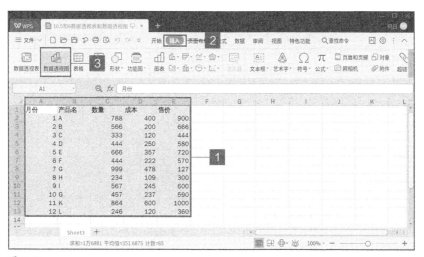

图 9-62

9.6 使用数据透视图

数据透视图是以图表的形式显示数据的，与数据透视表相比，数据透视图显示的数据更加直观。

9.6.1 创建数据透视图

选中"A1:E13"单元格区域，单击"插入"选项卡，在选项卡功能面板中单击"数据透视图"按钮，如图 9-63 所示。

图 9-63

在弹出的"创建数据透视图"对话框中单击"新工作表"或"现有工作表"单选按钮，来决定是在当前的工作表中显示数据透视图，还是在新工作表中显示数据透视图。这里选择"新工作表"，选择完毕后，单击"确定"按钮，如图 9-64 所示。

WPS 表格会自动跳转到新的工作表。用户需要在新工作表界面右侧的"字段列表"中将字段分别拖曳到"图例（系列）""轴（分类）"和"值"区域中，来决定数据透视图显示数据的系列、分类方式以及具体显示的数据值。这里将"产品名"添加到"轴（类别）"区域中，将"数量""成本""售价"添加到"值"区域，WPS 表格自动生成数据透视表和数据透视图，如图 9-65 所示。

图 9-64

图 9-65

9.6.2　移动数据透视图

用户可以选择将数据透视图移动到其他的工作表中，这里以将透视图从 Sheet2 工作表移动到 Sheet1 工作表为例，操作如下。

选中数据透视图，在选项卡功能面板中单击"移动图表"按钮，如图 9-66 所示。

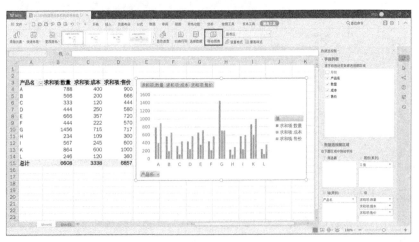

图 9-66

在弹出的"移动图表"对话框中，单击"对象位于"右侧的下拉按钮，在弹出的下拉列表框中选择图表移动到的目标工作表，这里选择"Sheet3"工作表，单击"确定"按钮，如图 9-67 所示。

图 9-67

图表会移动到 Sheet3 工作表中，如图 9-68 所示。

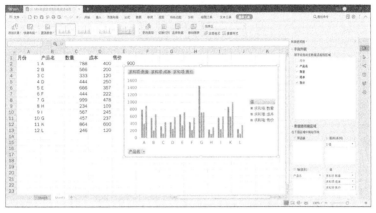

图 9-68

9.6.3　美化透视图

用户可以通过对透视图的布局方式、颜色以及模板进行设置来对透视图进行美化。

1. 设置布局方式

选中透视图，单击"图表工具"选项卡，在选项卡功能面板中选择一种布局方式，这里选择"样式 4"。透视图会自动显示选择的布局方式，效果如图 9-69 所示。

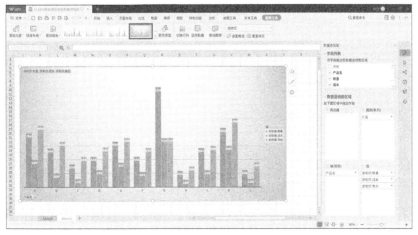

图 9-69

2．设置颜色

选中透视图，单击"图表工具"选项卡，在选项卡功能面板中单击"更改颜色"下拉按钮，在弹出的菜单中选择透视图的配色，如图 9-70 所示。

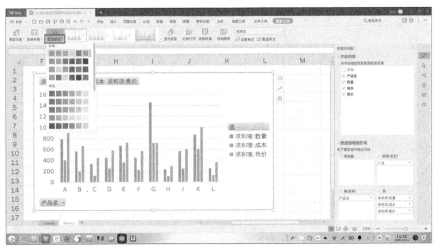

图 9-70

9.6.4 筛选透视图中的数据

用户可以通过对透视图中的数据进行筛选操作来将多余的数据去掉。单击数据透视图左下角的"产品名"按钮，在弹出的菜单中选择要筛选的产品名选项，这里选择"A""B""C"，单击"确定"按钮，如图 9-71 所示。

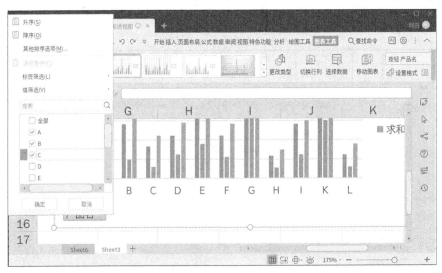

图 9-71

返回工作表，筛选效果如图 9-72 所示。

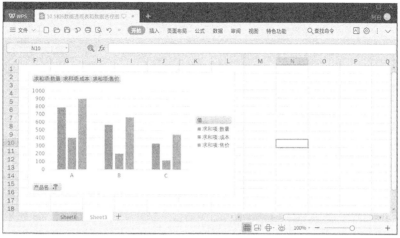

图 9-72

第 **10** 章

把时间抓在手里——日程表的制作攻略

我们很容易被每天繁重的学习和工作任务搞得手忙脚乱，

为了解决这个问题，用户可以通过 WPS 表格制作一张

日程表来管理每天的学习和工作任务。本章首先讲解日

程表的制作方法，然后讲解如何对日程表进行美化。

10.1 日程表的制作

日程表的主要用途是记录每天需要处理的任务，让每天需要处理的任务一目了然。日程表的制作本质上是一个简单表格的制作，主要分为标题区域的制作和内容区域的制作两部分，而此处将内容区域分为时间节点区域和任务记录区域。

10.1.1 制作日程表的标题

创建一个工作簿后，选中"A1:G1"单元格区域，单击"开始"选项卡功能面板中的"合并居中"按钮，将"A1:G1"单元格区域合并为一个单元格，然后输入标题"工作日程表"，如图 10-1 所示。

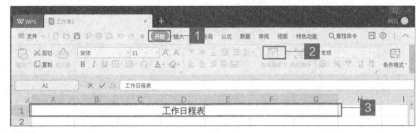

图 10-1

选中该单元格，在"开始"选项卡功能面板中，将字体大小设置为"18"，并设置加粗效果，如图 10-2 所示。

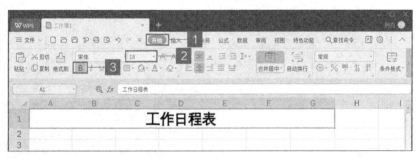

图 10-2

10.1.2 制作日程表的时间节点

日程表主要基于日历，日历的第一行是星期，下面是日期，日程表就是在日期的每一行下面添加了一行任务记录区。

在 A2 单元格中填入"星期一"，然后将鼠标指针放置在 A2 单元格的右下角，当鼠标指针变成十字形状时，就按住鼠标左键并拖曳至 G2 单元格，快速填充单元格的数据，如图 10-3 所示。

图 10-3

快速填充单元格数据后的效果如图 10-4 所示。

图 10-4

选中"A2:G2"单元格区域,单击"开始"选项卡下的"水平居中"图标按钮,并单击"加粗"
图标按钮,为字体添加加粗效果,如图 10-5 所示。

图 10-5

在 A3 单元格中输入"1",然后将鼠标指针放置在 A3 单元格的右下角,当鼠标指针变成十字
形状时,就按住鼠标左键并拖动至 G3 单元格,快速填充单元格的数据,如图 10-6 所示。

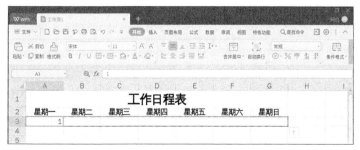

图 10-6

快速填充单元格数据后的效果如图 10-7 所示。

图 10-7

使用相同的方法，在 A5、A7、A9、A11 单元格中填入数据，然后拖动鼠标，最终效果如图 10-8 所示。

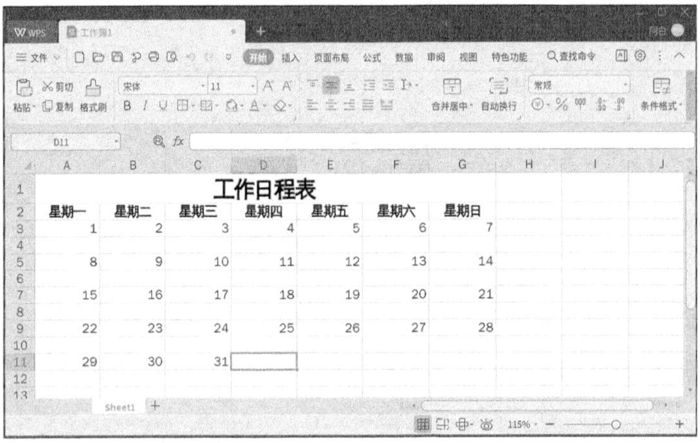

图 10-8

10.1.3　制作日程表的任务记录区

日期的下一行就是任务记录区，默认情况下，这个区域比较小，无法满足记录需求。可以通过设置行高来调整记录区整体的高度，从而预留出足够的空间，操作如下。

按住【Ctrl】键，单击行标题前的"4""6""8""10""12"，选中这些行，如图 10-9 所示。

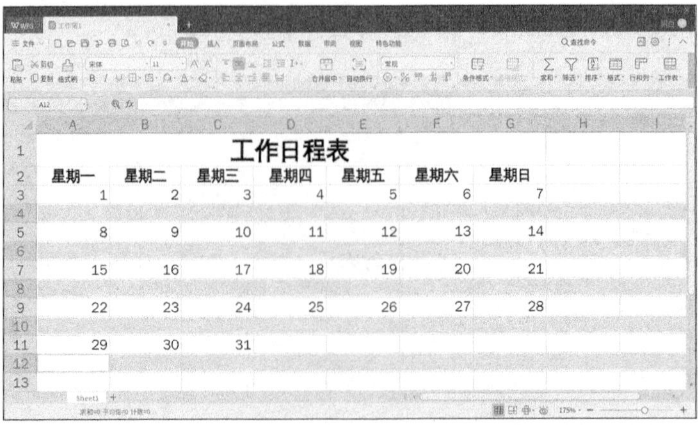

图 10-9

单击"开始"选项卡，在选项卡功能面板中单击"行和列"按钮，在弹出的菜单中选择"行高"，如图 10-10 所示。

在弹出的"行高"对话框中将"行高"设置为"50"，单击"确定"按钮，如图 10-11 所示。

图 10-10　　　　　　　　　　　　　　　　　　　　　　　　　　　　　　　　　图 10-11

设置完成后的效果如图 10-12 所示。

图 10-12

10.2　日程表的美化

此时，日程表的雏形已经完成了，接下来再对日程表进行美化，让日程表更加美观。

10.2.1　设置日程表的填充色

选中"A1:G1"单元格区域，单击"开始"选项卡，在选项卡功能面板中单击"填充色"图标右侧的下拉按钮，在弹出的菜单中为标题栏设置一个较深的填充色。这里选择的是"橙色，着色 4，浅色 40%"，如图 10-13 所示。

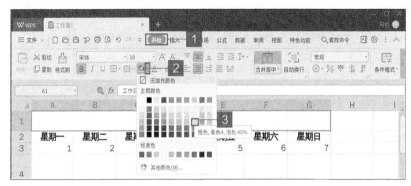

图 10-13

设置填充颜色后的效果如图 10-14 所示。

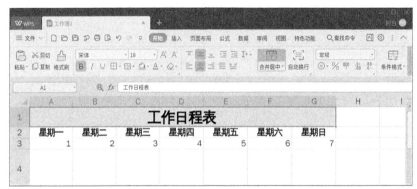

图 10-14

使用同样的操作，将星期一到星期日标题的填充颜色设置为"橙色，着色 4，浅色 60%"，将日期的填充颜色设置为"橙色，着色 4，浅色 80%"，设置填充颜色后的效果如图 10-15 所示。

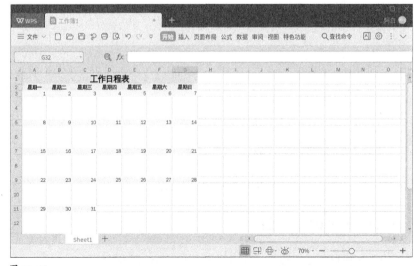

图 10-15

10.2.2　为日程表添加框线

选中"A1:G12"单元格区域，单击"开始"选项卡，在选项卡功能面板中单击"字体组"右下角的对话框启动器按钮，如图 10-16 所示。

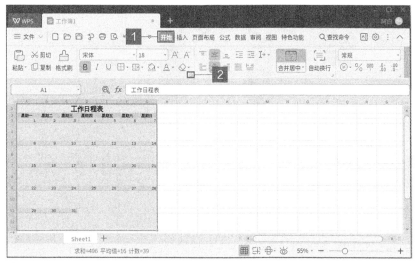

图 10-16

在"单元格格式"对话框中单击"边框"选项卡，在"颜色"下设置框线的颜色为"橙色，着色 4"，并单击"外边框""内部"按钮，为表格添加边框，单击"确定"按钮，如图 10-17 所示。

日程表的最终效果如图 10-18 所示。

图 10-17　　　　　　　　　图 10-18

第**11**章

制作不求人——销售数据表攻略

在销售工作中，经常需要使用 WPS 表格对销售数据进行记录、统计和分析。本章首先讲解数据销售表的制作，然后讲解销售数据的计算和可视化呈现。

主要内容

销售数据表的制作

销售数据的计算

销售数据的可视化呈现

11.1 销售数据表的制作

销售数据表用于对店铺全年各时段的销售情况进行记录，并在表格的基础上进行总结分析，从而使用户了解店铺全年的销售情况。

新建表格后，先制作数据表的标题。选中"A1:N1"单元格区域，单击"开始"选项卡下的"合并居中"按钮，如图 11-1 所示。

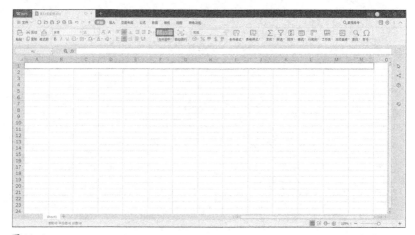

图 11-1

在合并后的"A1:N1"单元格区域中输入"店铺的全年销售数据（单位：元）"，如图 11-2 所示。

图 11-2

选中"A2:A3"单元格区域，单击"开始"选项卡功能面板中的"合并居中"按钮，并在合并后的单元格中输入"产品名称"，如图 11-3 所示。

图 11-3

同理，选中"B2:N2"单元格区域，单击"开始"选项卡功能面板中的"合并居中"按钮，并在合并后的单元格中输入"月份"，如图 11-4 所示。

图 11-4

在"B3:M3"单元格中依次输入1月、2月、……、12月，N3单元格中输入"合计"，"A4:A13"单元格区域中输入产品名称，A14单元格中输入"合计"，然后将销售数据对应输入"B4:M13"单元格区域中，如图11-5所示。

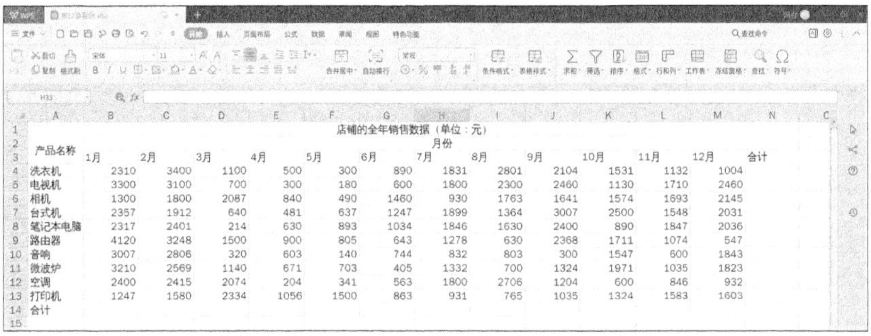

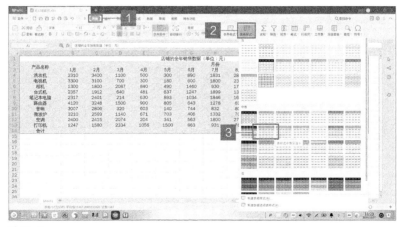

图 11-5

调整单元格的宽度到合适的位置，将这些数据居中对齐，如图11-6所示。

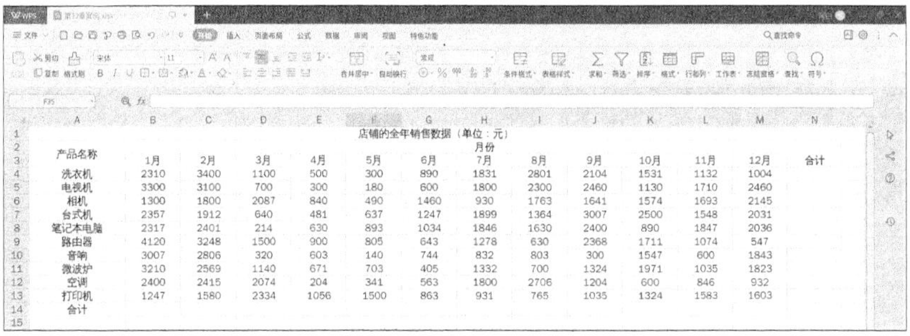

图 11-6

选中"A1:N14"单元格区域，单击"开始"选项卡下的"表格样式"按钮，选择一种样式，这里选择"表样式中等深浅9"，如图11-7所示。

图 11-7

在弹出的"套用表格样式"对话框中选择"仅套用表格样式"，"标题行的行数"设置为"3"，单击"确定"按钮，如图11-8所示。

选中"A1:N1"单元格区域，将标题字号设置为"22"；选中"B2:N2"单元格区域，将字号设置为"18"，适当调整高度，此时销售数据表制作完毕，效果如图 11-9 所示。

图 11-8    图 11-9

11.2 销售数据的计算

记录完数据后就可以利用数据表中的函数对表格中的数据进行计算分析，本节通过销售数据表来计算产品每月销售额、各个单品的全年销售额和店铺的全年销售额。

首先使用求和函数计算洗衣机的全年销售额，在 Excel 中对应的是 SUM 函数。将光标插入 N4 单元格，输入"=SUM"，在弹出的菜单中双击选择"SUM"，如图 11-10 所示。

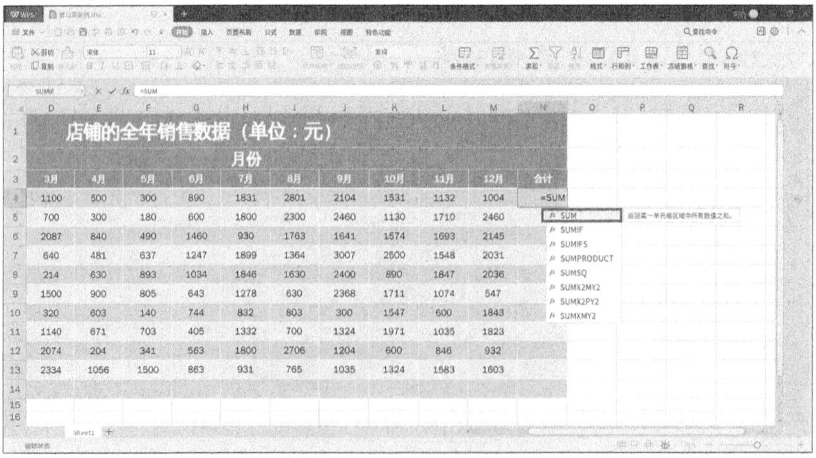

图 11-10

选中"B4:M4"单元格区域，对单元格的数据进行引用，如图 11-11 所示。

按【Enter】键，对引用的单元格数据进行求和，计算出洗衣机的全年销售额，如图 11-12 所示。

选中 N4 单元格，将鼠标指针放在 N4 单元格的右下角，当鼠标指针变成十字形状时，按住鼠标左键拖曳至 N13 单元格，即可计算出其他产品的全年销售额，如图 11-13 所示。

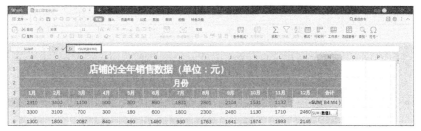

图 11-11

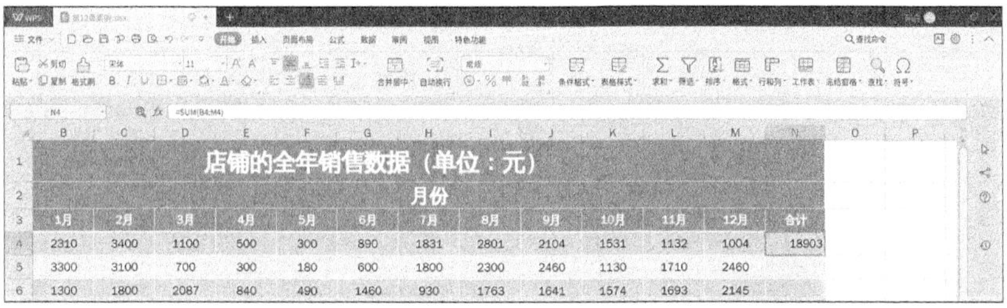

图 11-12

图 11-13

单击"自动填充选项"按钮，选择"不带格式填充"，如图 11-14 所示。

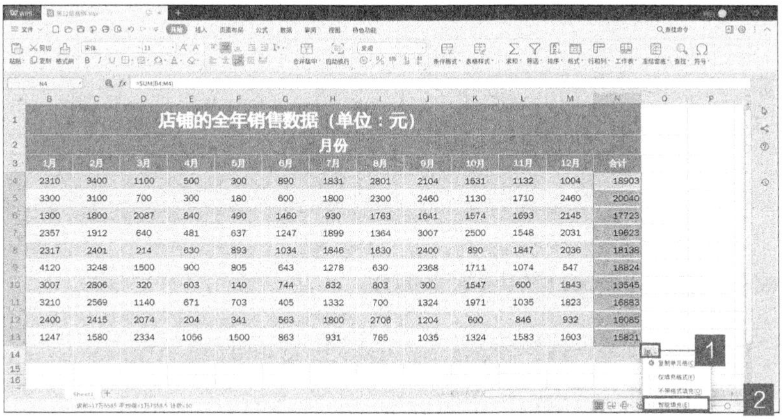

图 11-14

选中“N4:N13”单元格区域，单击“开始”选项卡下的“水平居中”图标按钮，效果如图 11-15 所示。

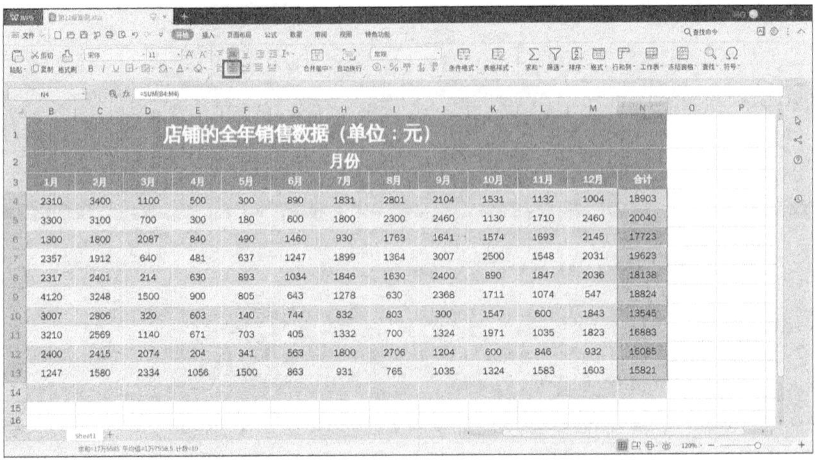

店铺的全年销售数据（单位：元）												
月份												
1月	2月	3月	4月	5月	6月	7月	8月	9月	10月	11月	12月	合计
2310	3400	1100	500	300	890	1831	2801	2104	1531	1132	1004	18903
3300	3100	700	300	180	600	1800	2300	2460	1130	1710	2460	20040
1300	1800	2087	840	490	1460	930	1763	1641	1574	1693	2145	17723
2357	1912	640	481	637	1247	1899	1364	3007	2500	1548	2031	19623
2317	2401	214	630	893	1034	1846	1630	2400	890	1847	2036	18138
4120	3248	1500	900	805	643	1278	630	2368	1711	1074	547	18824
3007	2806	320	603	140	744	832	803	300	1547	600	1843	13545
3210	2569	1140	671	703	405	1332	700	1324	1971	1035	1823	16883
2400	2415	2074	204	341	563	1800	2706	1204	600	846	932	16085
1247	1580	2334	1056	1500	863	931	765	1035	1324	1583	1603	15821

图 11-15

同样，利用 SUM 函数求出每月的销售额，并将数据居中对齐。其中在 N14 单元格显示的是店铺的全年销售额，效果如图 11-16 所示。

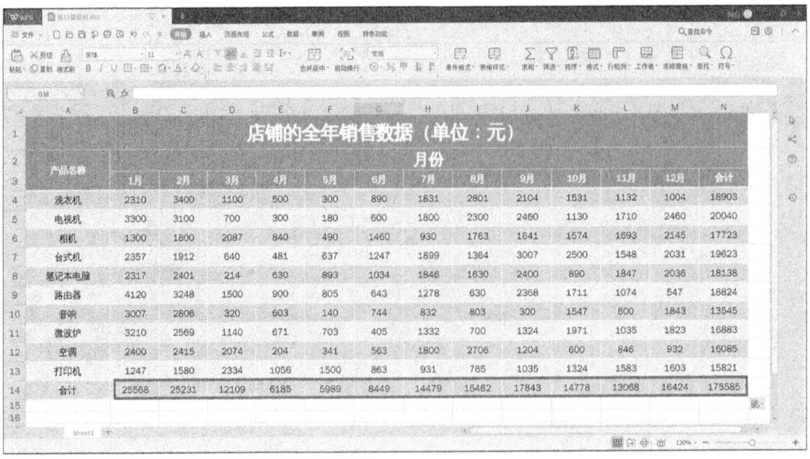

店铺的全年销售数据（单位：元）													
产品名称	月份												
	1月	2月	3月	4月	5月	6月	7月	8月	9月	10月	11月	12月	合计
洗衣机	2310	3400	1100	500	300	890	1831	2801	2104	1531	1132	1004	18903
电视机	3300	3100	700	300	180	600	1800	2300	2460	1130	1710	2460	20040
相机	1300	1800	2087	840	490	1460	930	1763	1641	1574	1693	2145	17723
台式机	2357	1912	640	481	637	1247	1899	1364	3007	2500	1548	2031	19623
笔记本电脑	2317	2401	214	630	893	1034	1846	1630	2400	890	1847	2036	18138
路由器	4120	3248	1500	900	805	643	1278	630	2368	1711	1074	547	18824
音响	3007	2806	320	603	140	744	832	803	300	1547	600	1843	13545
微波炉	3210	2569	1140	671	703	405	1332	700	1324	1971	1035	1823	16883
空调	2400	2415	2074	204	341	563	1800	2706	1204	600	846	932	16085
打印机	1247	1580	2334	1056	1500	863	931	765	1035	1324	1583	1603	15821
合计	25568	25231	12109	6185	5989	8449	14479	15462	17843	14778	13068	16424	175585

图 11-16

11.3 销售数据的可视化呈现

为了能够更加直观地了解到销售数据的情况，本节利用 WPS 表格中的图表将销售数据可视化呈现。

11.3.1 制作月度销售数据分析柱形图

按住【Ctrl】键，选中“B3:M3”和“B14:M14”单元格区域，单击“插入”选项卡，单击选项卡功能面板中的“图表”按钮，如图 11-17 所示。

在弹出的“插入图表”对话框中选择“簇状柱形图”，单击“确定”按钮，如图 11-18 所示。

图 11-17

这时在表格中插入了店铺的月度销售数据分析图，用户可以直观地看到店铺每月的销售数据对比，如图 11-19 所示。接下来需要完善这个图表。

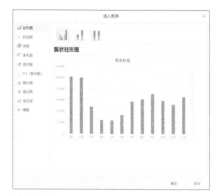

图 11-18

图 11-19

将图表的标题修改为"月度销售额分析图"，如图 11-20 所示。

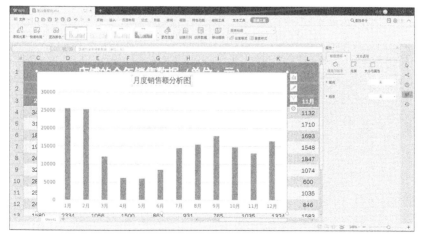

图 11-20

单击图表右侧的"图表元素"图标按钮，在弹出的菜单中勾选"轴标题""数据标签""趋势线"，便于查看店铺各月销售额以及全年销售趋势，如图 11-21 所示。

图 11-21

将横坐标标题改为"月份",将纵坐标标题改为"每月销售额(元)",如图 11-22 所示。

图 11-22

此时年度销售数据分析表基本制作完成,调整图表的位置和大小到合适的位置即可,如图 11-23 所示。

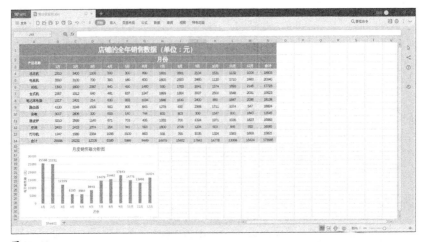

图 11-23

11.3.2　制作单品销售占比的饼图

按住【Ctrl】键，选中"A4:A13"和"N4:N13"单元格区域，单击"插入"选项卡，单击"图表"按钮，如图 11-24 所示。

图 11-24

在"插入图表"对话框中选择"饼图"，单击"确定"按钮，如图 11-25 所示。

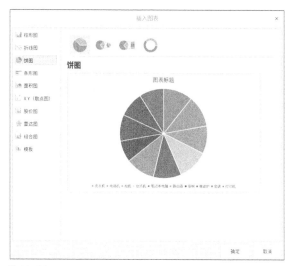

图 11-25

将图表的标题改为"单品销售额占比"，如图 11-26 所示。

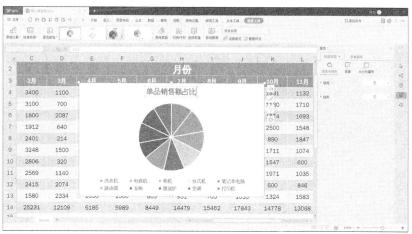

图 11-26

单击图表右侧的"图表元素"图标按钮，在菜单中单击"数据标签"右侧的小三角按钮，选择

"更多选项",如图 11-27 所示。

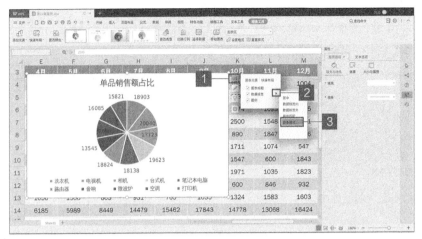

图 11-27

在工作表右侧的"标签选项"下单击"标签"选项卡,勾选"百分比"复选框,如图 11-28 所示。

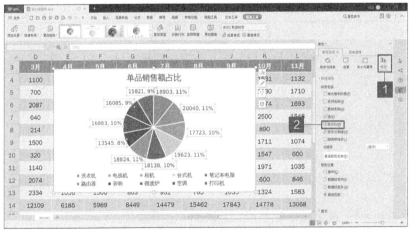

图 11-28

此时单品销售额占比图制作完毕,将其调整到合适的大小和位置,效果如图 11-29 所示。

图 11-29

第三部分

WPS 演示

第12章

创建演示文稿——掌握 WPS 演示基础操作技能

WPS 演示以文字、图片、图形及动画的方式，将需要表达的内容直观、形象地展示给观众，让观众更容易理解演讲者表达的内容。本章将从演示文稿的基本操作讲起，逐步介绍 WPS 演示的基础操作技能，包括新建与保存演示文稿、演示文稿的基本操作、制作母版等。

主要内容

演示文稿的基本操作

幻灯片的基本操作

制作母版

12.1 演示文稿的基本操作

本节主要讲解使用演示文稿的基本操作，包括演示文稿的新建、保存、输出等。

12.1.1 新建并保存演示文稿

演示文稿的新建和保存与 WPS 文字类似，因此这里不再进行详细讲解，只讲解其在创建时与 WPS 文字不同的部分。

通过启动器打开 WPS 2019，单击标签栏的"新建"按钮或按快捷键【Ctrl+N】，如图 12-1 所示。

图 12-1

在新建标签页，单击"演示"按钮，切换到新建演示的标签页，单击"空白演示"下的"+"按钮即可创建空白演示文稿，如图 12-2 所示。

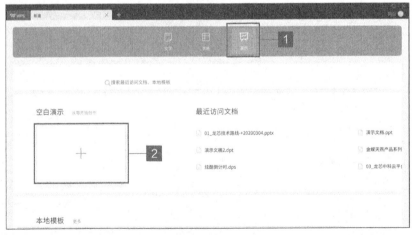

图 12-2

创建好空白演示文稿后，可以看到 WPS 演示的工作界面，如图 12-3 所示。

图 12-3

12.1.2 输出演示文稿

演示文稿可以输出为 PDF 文件或图片，方便传播和阅读。

> **提示**
>
> 除了 WPS 演示，WPS 文字和 WPS 表格也支持输出为 PDF 和图片，它们的操作方法类似。

1. 输出为 PDF 文件

在 WPS 演示工作界面的左上角，单击"文件"菜单，在弹出的菜单中，选择"输出为 PDF"命令，如图 12-4 所示。

图 12-4

在弹出的"输出 PDF 文件"对话框中，可以设置 PDF 文件的存储路径，设置输出范围和输出选项，单击"确定"按钮可以输出 PDF 文件，如图 12-5 所示。

WPS 演示会将 PDF 文件输出到指定的存储路径中，如图 12-6 所示。

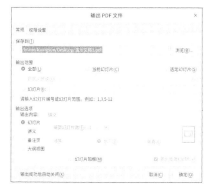

图 12-5

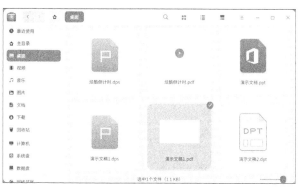

图 12-6

2．输出为图片

在 WPS 演示工作界面的左上角，单击"文件"菜单，在弹出的菜单中选择"输出为图片"命令，如图 12-7 所示。

图 12-7

在弹出的"输出为图片"对话框中，可以对图片的输出方式、水印内容、图片品质、格式和保存位置进行设置，设置完毕后，单击"输出"按钮，即可输出图片，如图 12-8 所示。

图 12-8

输出的图片将存储到指定的文件夹中，如图 12-9 所示。

图 12-9

12.2 幻灯片的基本操作

本节主要讲解幻灯片的基本操作，包括新建、删除、复制、移动、修改版式、显示、隐藏、播放等，下面分别进行讲解。

12.2.1　新建幻灯片

在左侧的幻灯片列表中要插入幻灯片的位置单击鼠标右键，然后在弹出的快捷菜单中选择"新建幻灯片"，如图 12-10 所示。

这时即可在选中幻灯片的下方插入一张新的幻灯片，并自动应用幻灯片版式，如图 12-11 所示。

图 12-10

图 12-11

12.2.2　删除幻灯片

在左侧的幻灯片列表中选择要删除的幻灯片，然后单击鼠标右键，在弹出的快捷菜单中选择"删除幻灯片"，或按【Delete】键即可将选中的幻灯片删除，如图 12-12 所示。

图 12-12

12.2.3　移动和复制幻灯片

在制作演示文稿的过程中，可以将同一版式的幻灯片复制到其他演示文稿中，也可以随时调整每一张幻灯片的次序。

1. 移动幻灯片

在演示文稿左侧的幻灯片列表中选择要移动的幻灯片，按住鼠标左键不放，将其拖动至要移动的位置后释放鼠标左键即可。

2. 复制幻灯片

在演示文稿左侧的幻灯片列表中选择要复制的幻灯片，单击鼠标右键，在弹出的快捷菜单中选择"复制"，或按快捷键【Ctrl+C】进行复制，如图 12-13 所示。

图 12-13

在左侧的幻灯片列表中要粘贴幻灯片的位置单击鼠标右键，在弹出的快捷菜单中选择"粘贴"，或按快捷键【Ctrl+V】进行粘贴，即可复制一张版式和内容相同的幻灯片，如图 12-14 所示。

图 12-14

12.2.4　修改幻灯片的版式

用户可以对幻灯片的版式进行修改，操作如下。

在 WPS 演示工作界面的左侧选择一个幻灯片，单击"开始"选项卡，在选项卡功能面板中单击"版式"按钮，如图 12-15 所示。

图 12-15

在弹出的"母版版式"窗格中，用户可以选择一款版式，对幻灯片的版式进行修改，这里选择"空白"版式，如图 12-16 所示。

图 12-16

修改幻灯片版式后的效果如图 12-17 所示。

图 12-17

12.2.5　显示和隐藏幻灯片

如果不想在放映时展示演示文稿中的某些幻灯片，可以将其隐藏。隐藏幻灯片的具体操作步骤如下。

在左侧的幻灯片列表中选择要隐藏的幻灯片，然后单击鼠标右键，在弹出的快捷菜单中选择"隐藏幻灯片"，如图 12-18 所示。

图 12-18

在该幻灯片的序号上会显示一条删除斜线，表明该幻灯片已经被隐藏，如图 12-19 所示。

图 12-19

如果要取消隐藏，选中相应的幻灯片，再进行一次上述操作即可。

12.2.6　播放幻灯片

演示文稿可进行播放，使幻灯片全屏显示，操作如下。

单击"开始"选项卡，在选项卡功能面板中单击"从当前开始"下拉按钮，在弹出的菜单中，可以选择从"从头开始"或"从当前开始"来确定从哪张幻灯片开始播放，如图 12-20 所示。

图 12-20

12.3　制作母版

　　母版是定义演示文稿中所有幻灯片或页面版式的幻灯片页面。母版中包含出现在每一张幻灯片上的显示元素，如文本占位符、图片等。制作好的母版可以应用到任何新建的 PPT 中，从而提高制作幻灯片的效率。

12.3.1　页面设置

　　在制作母版前需要对幻灯片的页面进行设置，确保播放幻灯片时其大小与屏幕适配，操作如下。

　　单击"设计"选项卡，在选项卡功能面板中单击"页面设置"按钮，如图 12-21 所示。

图 12-21

　　在弹出的"页面设置"对话框中，可以设置幻灯片的大小、纸张大小，其中纸张大小为打印纸张的大小；还可以设置幻灯片的方向。这里以选择"全屏显示（4:3）"为例，单击"确定"按钮，如图 12-22 所示。

　　在弹出的"页面缩放选项"对话框中，单击"最大化"或"确保合适"按钮，来决定幻灯片内容的显示方式。其中，"最大化"是指幻灯片的内容以最大化的方式显示，这种方法可能会裁掉超出显示范围的内容；"确保合适"是指幻灯片的内容按照等比例缩小，以适合页面大小的方式显示，幻灯片会露出背景。这里选择"确保适合"，如图 12-23 所示。

图 12-22

图 12-23

可以看到幻灯片的大小发生了变化，如图 12-24 所示。

图 12-24

单击"设计"选项卡功能面板中的"编辑母版"按钮，可以看到母版同样按照在"页面设置"对话框中设置的幻灯片大小来显示，如图 12-25 所示。

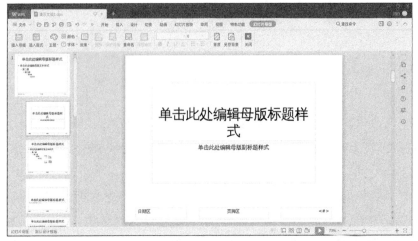

图 12-25

12.3.2　设置母版背景

母版分为主母版和版式母版，更改主母版，所有页面都会发生改变，它可以用于为所有页面批量添加公司 LOGO 图片等；更改版式母版则只更改母版的一个版式。单击"设计"选项卡，在选项卡功能面板中单击"编辑母版"按钮，如图 12-26 所示。

图 12-26

在 WPS 演示界面的左侧可以看到主母版和版式母版，如图 12-27 所示。

图 12-27

选中主母版，在"幻灯片母版"选项卡功能面板中单击"背景"按钮，在 WPS 演示界面右侧的"对象属性"窗格中，可以单击"纯色填充""渐变填充""图片或纹理填充""图案填充"单选按钮，来对背景颜色进行设置，这里以选择纯色填充为例，单击"颜色"右侧的下拉按钮，在弹出的菜单中设置母版的背景颜色，拖曳"透明度"右侧的三角形滑块可以设置背景颜色透明度。这里设置"颜色"为"钢蓝，着色5"，"透明度"调整为"42%"，如图 12-28 所示。

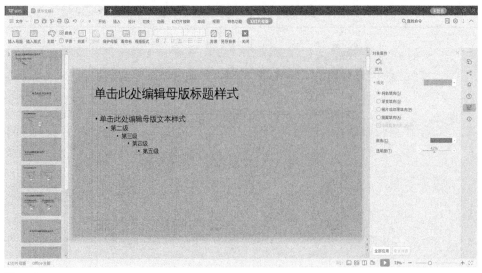

图 12-28

在"幻灯片母版"选项卡功能面板中单击"关闭"按钮，退出编辑母版状态，此时新建幻灯片，幻灯片的背景都是浅蓝色的，如图 12-29 所示。

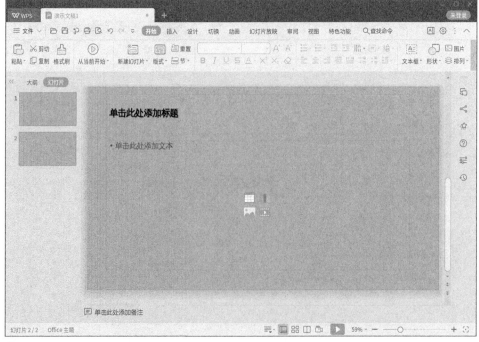

图 12-29

12.3.3 插入图片

在编辑母版状态下，选中第 1 个版式母版，单击"插入"选项卡，在选项卡功能面板中单击"图片"按钮，如图 12-30 所示。

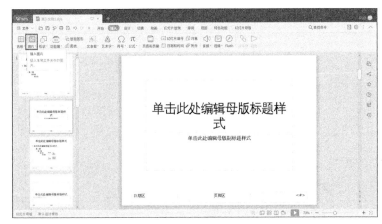

图 12-30

在弹出的"图片"对话框中，打开图片的存储路径，选中需要插入的图片，单击"打开"按钮，如图 12-31 所示。

图 12-31

这样即可将图片插入版式母版中，如图 12-32 所示。

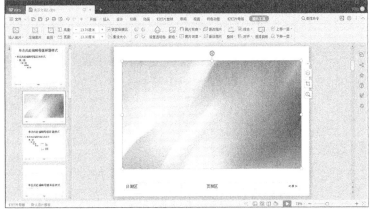

图 12-32

12.3.4 制作并应用母版

将需要重复应用的图片显示元素插入版式母版中，调节其位置和大小，效果如图 12-33 所示。

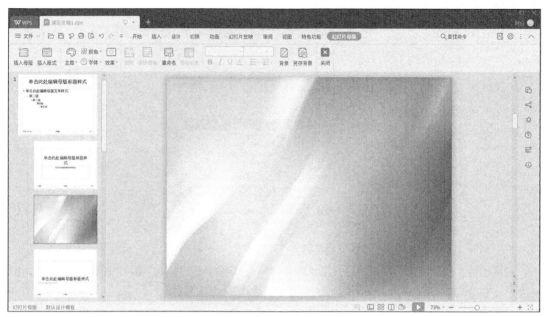

图 12-33

单击"幻灯片母版"选项卡下的"重命名"按钮，如图 12-34 所示。

图 12-34

在弹出的"重命名"对话框中为设计好的版式母版进行命名，这里设置为"样式 1"，单击"重命名"按钮，如图 12-35 所示。

单击"幻灯片母版"选项卡下的"关闭"按钮，退出母版编辑状态，如图 12-36 所示。

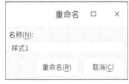

图 12-35

图 12-36

单击"开始"选项卡，然后单击"版式"按钮，即可看到设计好的"样式 1"版式母版，如图 12-37 所示。

图 12-37

单击即可将该版式母版应用到当前幻灯片上，效果如图 12-38 所示。

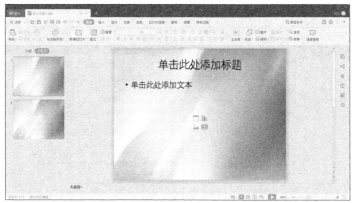

图 12-38

第13章

打造好看的演示文稿——掌握元素的添加与编辑技巧

演示文稿中可以添加文本、图片、形状和图表等元素，通过这些元素，演讲者可以直观地将想要表达的内容展示给观众。本章讲解演示文稿中文本、图片、形状等元素的添加与编辑技巧，熟练地运用这些技巧不仅可以丰富演示文稿的内容，同时还能美化演示文稿。

主要内容

文本的输入与美化

进阶小妙招：200 页演示文稿字体一键统一

图片的插入与编辑

形状的插入与编辑

表格的插入与编辑

图表的插入与编辑

智能图形的插入与编辑

13.1 文本的输入与美化

在幻灯片的文本框中可以输入与编辑文本信息。

13.1.1 输入文本

创建 WPS 文档后，在第一张幻灯片上可以看到两行文字，文字的周围各有一个方框，这个方框就是文本框。将光标插入上方的文本框中，即可输入文本，如输入"标题"，如图 13-1 所示。

图 13-1

用户也可以根据自己的需求，在幻灯片中创建新的文本框来输入文本，操作如下。

单击"插入"选项卡，在选项卡功能面板中单击"文本框"下拉按钮，在弹出的菜单中选择"横向文本框"或"竖向文本框"，如图 13-2 所示。

图 13-2

这里选择"竖向文本框"，光标变为十字形状，拖曳即可创建一个新的文本框，输入文字后可以看到文字是竖向显示的，如图 13-3 所示。

图 13-3

13.1.2 美化文本

输入文本后可以设置文本的字体格式和段落格式，对文本进行美化，使用户的阅读体验更好。它的设置方法与 WPS 文字类似，在这里主要讲解不同的地方。

文本主要通过选项卡功能面板中的字体组和段落组的设置来美化。在创建文档后，可以在"开始"选项卡下看到选项卡功能面板中的字体组和段落组，但是其处于灰色状态，无法进行操作，如图 13-4 所示。

图 13-4

这是因为当前没有文本处于编辑状态，所以需要单击幻灯片中的文本框，进入文本编辑状态，WPS 演示会自动切换到"文本工具"选项卡，此时就可以设置文本的字体格式和段落格式，如图 13-5 所示。

图 13-5

13.2 进阶小妙招：200 页演示文稿字体一键统一

演示文稿在制作完毕后，想要所有幻灯片的字体统一，可以将光标插入文本框，按快捷键【Ctrl+A】，然后设置字体，一页一页地设置即可。但是这个方法比较浪费时间，如果遇到几百页的演示文稿，非得做到手疼不可。别怕，遇到这种简单、机械且有规律的工作 WPS 演示可以一键解决。本节以 5 页演示文稿为例讲解如何将演示文稿中所有字的字体由"文泉驿正黑"替换成"方正标雅宋简体"，操作如下。

单击"开始"选项卡，在选项卡功能面板中单击"替换"右侧的下拉按钮，在弹出的菜单中选择"替换字体"，如图 13-6 所示。

在弹出的"替换字体"对话框中，单击"替换为"下方的下拉按钮，在弹出的下拉列表框中选择"方正标雅宋简体"，单击"替换"按钮进行替换，如图 13-7 所示。

图 13-6　　　　　　　　　　　　　　　　　　　　　　　　　图 13-7

单击"关闭"图标按钮，可以看到演示文稿中所有的字体都被替换成了方正标雅宋简体，如图 13-8 所示。

图 13-8

13.3　图片的插入与编辑

用户可以在演示文稿中插入各种各样的图片来让演示文稿的内容更加丰富多彩，本节讲解图片的插入与编辑方法。

13.3.1　插入图片

在 WPS 演示工作界面的左侧，选中需要插入图片的幻灯片，单击"开始"选项卡，在选项卡功能面板中单击"图片"按钮，如图 13-9 所示。

图 13-9

在弹出的"文件管理器"对话框中选择要插入的图片，单击"打开"按钮，即可将本地图片插入幻灯片中，如图 13-10 所示。

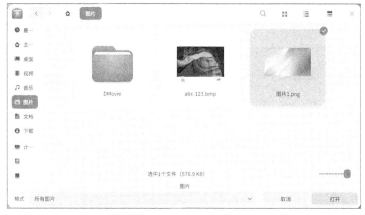

图 13-10

图片插入幻灯片的效果如图 13-11 所示。

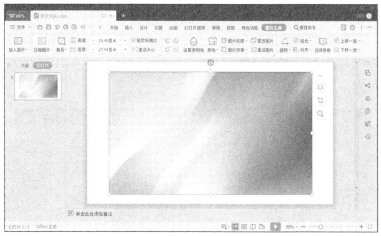

图 13-11

13.3.2　裁剪图片

图片多余的部分可以裁减掉，操作如下。

选中图片，选择"裁剪图片"图标按钮，进入裁剪状态，如图 13-12 所示。

图 13-12

在裁剪状态下可以看到图片右侧有一个裁剪窗格，可以选择"按形状裁剪"或"按比例裁剪"，也可以将鼠标指针放到图片的右下角按住鼠标左键向左上方拖曳，自由裁剪图片，如图 13-13 所示。

图 13-13

这里选择"按形状裁剪"中的"圆角矩形"和"按比例裁剪"中的"1:1"，将图片裁剪为一个圆角的方形，如图 13-14 所示。

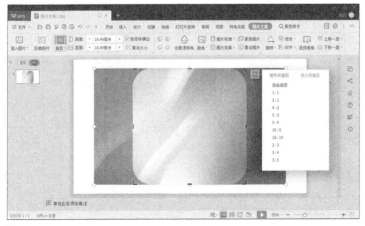

图 13-14

单击幻灯片的空白处后，会显示图片裁剪后的效果，如图 13-15 所示。

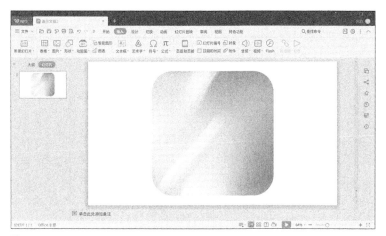

图 13-15

13.3.3　精确设置图片大小

用户可以通过数值对图片的高度和宽度进行设置，操作如下。

选中图片，单击"图片工具"选项卡，取消勾选"锁定纵横比"复选框，在"高度"和"宽度"文本框中，分别输入图片的高度和宽度，这里输入的"高度"为"10"，输入的"宽度"为"13"，可以看到圆角正方形变为了圆角矩形，如图 13-16 所示。

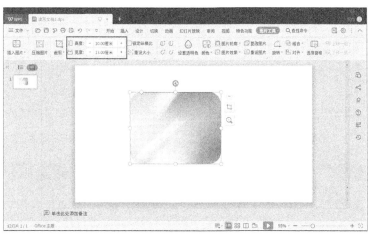

图 13-16

13.3.4　调整图片的颜色和艺术效果

用户可以通过调整图片的颜色和艺术效果，来改变图片的显示效果，操作如下。

选中图片，单击"图片工具"选项卡，在选项卡功能面板中单击"颜色"按钮，在弹出的菜单中，可以根据需求设置图片的颜色，如图 13-17 所示。

选中图片，单击"图片工具"选项卡，在选项卡功能面板中单击"图片效果"按钮，如图 13-18 所示。

图 13-17

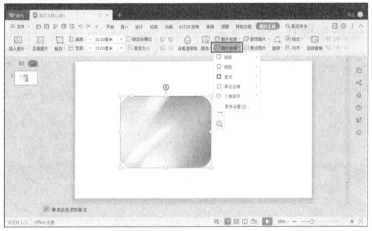

图 13-18

在弹出的菜单中可以为图片添加"阴影""倒影""发光""柔化边缘""三维旋转"等效果，如这里选择"倒影"→"倒影变体"下的"紧密倒影，接触"，效果如图 13-19 所示。

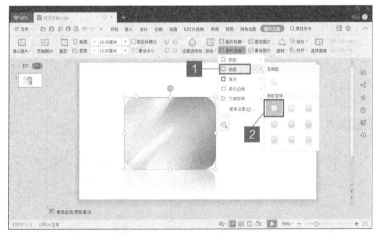

图 13-19

13.3.5　改变图片的叠放顺序

当用户在幻灯片中插入两张及以上的图片时，可以通过改变图片的叠放顺序，来设置图片显示的先后顺序，操作如下。

在幻灯片中插入 3 张图片，如图 13-20 所示。

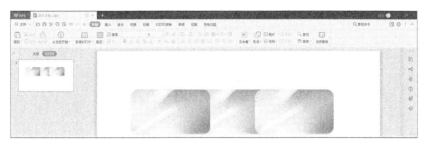

图 13-20

从图 13-20 可以看出，中间的图片在左右两张图片的最下层显示，如果想要将中间这张图片在最上方显示，可以选中该图片，单击鼠标右键，在弹出的快捷菜单中选择"置于顶层"下的"置于顶层"，如图 13-21 所示。

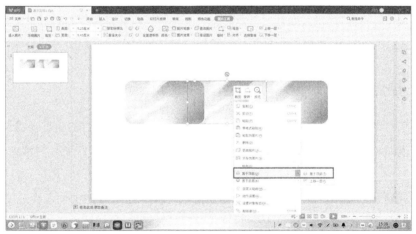

图 13-21

设置完毕后的效果如图 13-22 所示。

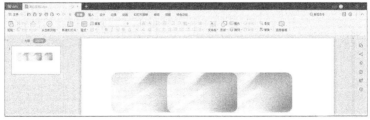

图 13-22

如果想要将中间这张图片放在第一张图片的下方以及第三张图片的上方，可以选中该图片，单击鼠标右键，在弹出的快捷菜单中选择"置于底层"下的"下移一层"，如图 13-23 所示。

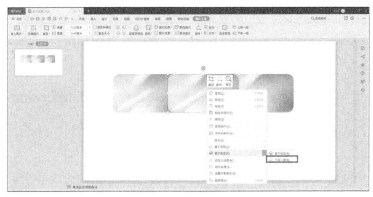

图 13-23

设置完毕后的效果如图 13-24 所示。

图 13-24

13.3.6 组合图片

当用户在幻灯片中插入多张图片后，有些图片的相对位置是固定的，可以看作一个整体，此时为了在设置过程中能够同时移动这些图片，用户可以选择将这些图片组合到一起，操作如下。

按住【Ctrl】键，选中需要组合的图片，单击鼠标右键，在弹出的快捷菜单中选择"组合"下的"组合"，如图 13-25 所示。

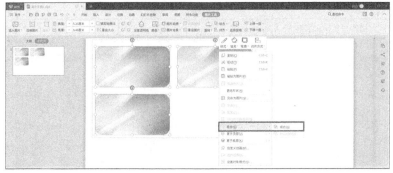

图 13-25

此时选中组合图片中的其中一个，整组图片都被选中，可以同时设置图片的位置和大小，如

图 13-26 所示。

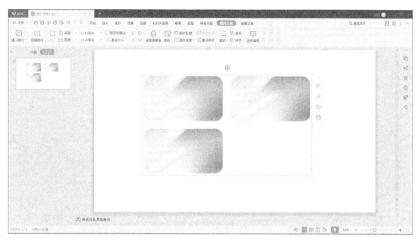

图 13-26

　　如果不需要图片组合在一起了，可以在组合后的图片上单击鼠标右键，在弹出的快捷菜单中选择"组合"下的"取消组合"，如图 13-27 所示。

图 13-27

13.4　形状的插入与编辑

　　在演示文稿中可以插入各种形状，通过这些形状可以美化幻灯片、制作思维导图等。

13.4.1　插入形状

　　单击"插入"选项卡，然后单击选项卡功能面板中的"形状"按钮，在弹出的菜单中可以选择插入的形状，这里选择的是"矩形"，如图 13-28 所示。

　　此时，光标会变为十字形状，按住鼠标左键并拖曳即可插入一个矩形，如图 13-29 所示。

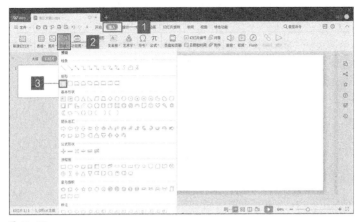

图 13-28

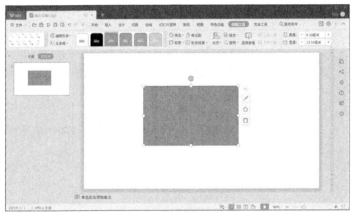

图 13-29

13.4.2 设置形状轮廓和填充

用户可以对形状轮廓和内部填充的颜色进行设置，操作如下。

选中形状，单击"绘图工具"选项卡，在选项卡功能面板中单击"轮廓"右侧的下拉按钮，在弹出的菜单中选择轮廓的颜色，如图 13-30 所示。

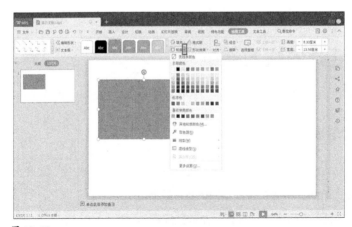

图 13-30

选中形状，在选项卡功能面板中单击"填充"右侧的下拉按钮，在弹出的菜单中，可以选择内部填充的颜色，如图 13-31 所示。

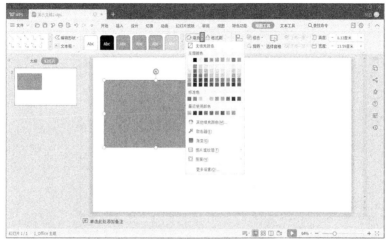

图 13-31

13.4.3　设置形状效果

用户可以为形状添加阴影、倒影、发光、柔化边缘、三维旋转的效果，操作如下。

选中形状，单击"绘图工具"选项卡，在选项卡功能面板中单击"形状效果"按钮，在弹出的菜单中可以选择设置的效果，这里选择"倒影"→"倒影变体"下的"全倒影，接触"，如图 13-32 所示。

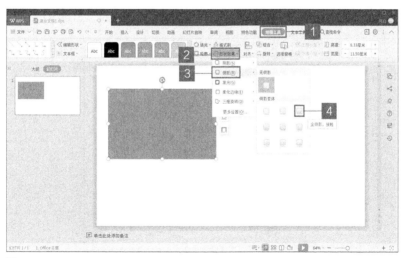

图 13-32

设置完成后的效果如图 13-33 所示。

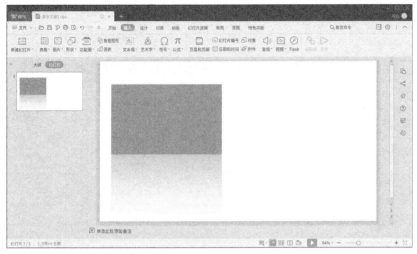

图 13-33

13.5 表格的插入与编辑

除了图片和形状外，幻灯片中还可以插入表格。

13.5.1 插入表格

单击"插入"选项卡，在选项卡功能面板中单击"表格"下拉按钮，在弹出的菜单中选择菜单中的格子，即可插入指定行/列的表格，或选择"插入表格"，如图 13-34 所示。

在弹出的"插入表格"对话框中设置表格的行数和列数，如这里设置"行数"和"列数"分别为"4"，单击"确定"按钮即可插入表格，如图 13-35 所示。

图 13-34

图 13-35

插入表格后的效果如图 13-36 所示。

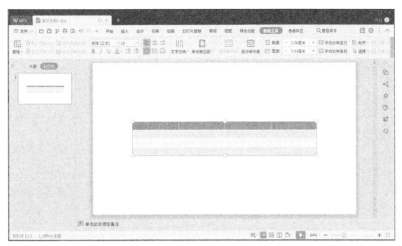

图 13-36

13.5.2　编辑表格

在插入表格后，用户可以对表格进行插入行和列、拆分与合并单元格、设置表格样式的操作。

1. 插入行和列

将光标插入表格中，单击"表格工具"选项卡，在选项卡功能面板中单击"在上方插入行""在下方插入行""在左侧插入列""在右侧插入列"即可在光标所在位置的上、下、左、右插入一行或一列表格。这里单击"在上方插入行"，即可在光标的上方插入一行表格，如图 13-37 所示。

图 13-37

插入表格后的效果如图 13-38 所示。

2. 拆分与合并单元格

将光标插入表格中，单击"表格工具"选项卡，在选项卡功能面板中单击"拆分单元格"，在弹出的"拆分单元格"对话框中设置需要拆分的行数和列数，这里"行数"设为 1，"列数"设为 2，单击"确定"按钮，如图 13-39 所示。

图 13-38

图 13-39

拆分单元格后的效果如图 13-40 所示。

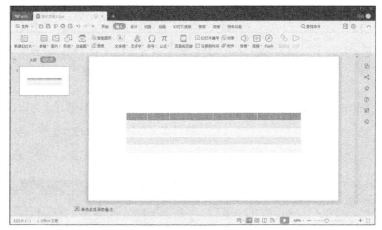

图 13-40

选中需要合并的单元格区域，单击"表格工具"选项卡，在选项卡功能面板中单击"合并单元格"按钮，即可合并选中的单元格，如图 13-41 所示。

图 13-41

合并单元格后的效果如图 13-42 所示。

图 13-42

3. 设置表格样式

用户可以通过设置表格的样式来美化表格的外观，操作如下。

选中表格，单击"表格样式"选项卡，在选项卡功能面板中可以设置表格的样式，这里选择"主题样式 1，强调 6"，如图 13-43 所示。

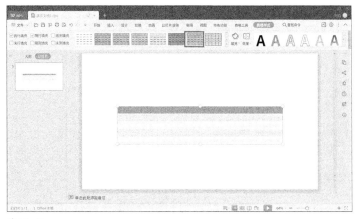

图 13-43

设置表格样式后的效果如图 13-44 所示。

图 13-44

13.6 图表的插入与编辑

用户可以通过在演示文稿中插入图表来让数据的显示更加具象化。

13.6.1 插入图表

单击"插入"选项卡，在选项卡功能面板中单击"图表"按钮，在弹出的"插入图表"对话框中可以选择图表的类型，这里选择"簇状柱形图"，单击"确定"按钮，如图 13-45 所示。

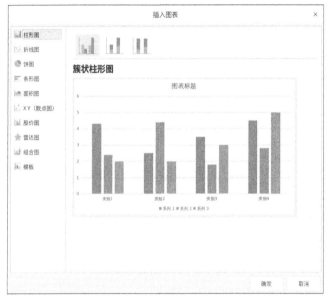

图 13-45

插入图表后的效果如图 13-46 所示。

图 13-46

13.6.2　编辑图表

在插入图表后，用户可以更改图表类型、设置图表样式。

1. 更改图表类型

选中图表，单击"图表工具"选项卡，在选项卡功能面板中单击"更改类型"按钮，在弹出的"更改图表类型"对话框中可以更改图表的类型，这里更改的类型为"折线图"，单击"确定"按钮，即可完成更改，如图 13-47 所示。

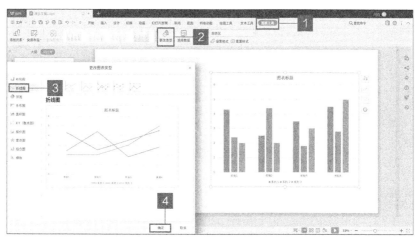

图 13-47

更改图表类型后的效果如图 13-48 所示。

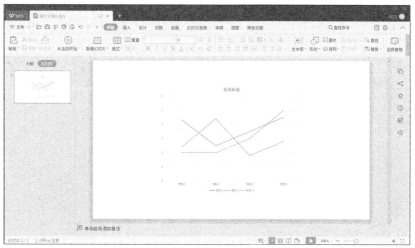

图 13-48

2. 设置图表样式

用户可以通过设置图表的样式来对图表的外观进行美化，操作如下。

选中图表，单击"图表工具"选项卡，在选项卡功能面板中可以设置图表的样式，这里设置"样式 2"，设置完成后的效果如图 13-49 所示。

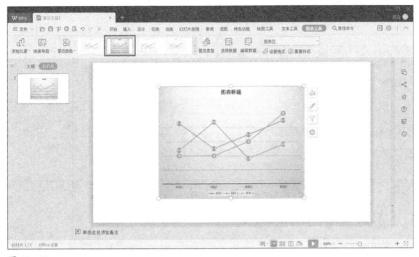

图 13-49

13.7 智能图形的插入与编辑

在演示文稿中制作流程图时，为了能够节省绘制流程图的时间，用户可以选择在演示文稿中插入智能图形。

13.7.1　插入智能图形

单击"插入"选项卡，在选项卡功能面板中单击"智能图形"按钮，在弹出的"选择智能图形"对话框中选择需要插入的智能图形，这里选择基本"列表"，单击"插入"按钮进行插入，如图 13-50 所示。

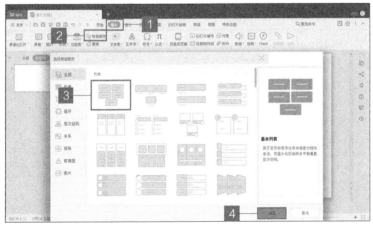

图 13-50

插入智能图形后的效果如图 13-51 所示。

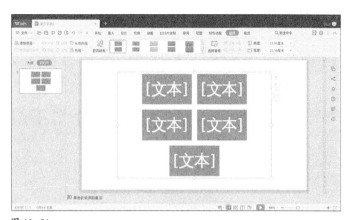

图 13-51

13.7.2　添加和删除形状

选中插入的基本列表智能图形中的任意一个形状，单击"设计"选项卡，在选项卡功能面板中单击"添加项目"按钮，在弹出的菜单中选择"在后面添加项目"或"在前面添加项目"即可添加新的形状，如图 13-52 所示。

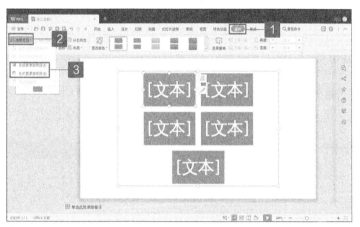

图 13-52

添加形状后的效果如图 13-53 所示。

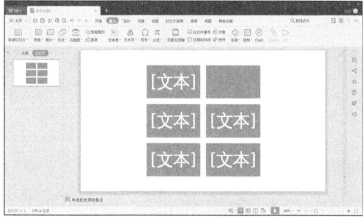

图 13-53

13.7.3 在图形中输入文本

选中插入的基本列表智能图形中的任意一个形状即可将光标插入图形中，然后在图形中输入文本，如图 13-54 所示。

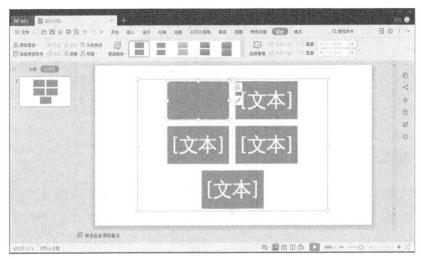

图 13-54

13.7.4 设置形状大小

用户可以通过设置智能图形的高度和宽度来设置智能图形形状的大小，操作如下。

选中智能图形，拖曳智能图形上的控制点即可调整智能图形的形状大小，如图 13-55 所示。

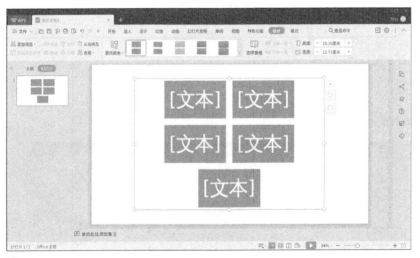

图 13-55

13.7.5 美化智能图形

用户可以通过设置智能图形内部的填充颜色来美化智能图形的外观，操作如下。

　　选中智能图形，单击"设计"选项卡，在选项卡功能面板中单击"更改颜色"按钮，在弹出的菜单中选择一种填充颜色即可，如图 13-56 所示。

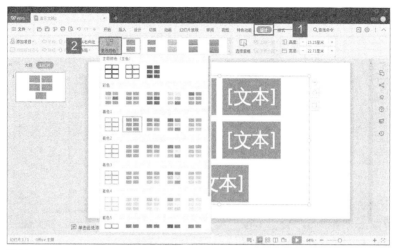

图 13-56

第**14**章

让演示文稿动起来——掌握 多媒体、动画、交互的应用技巧

在演示文稿中可以添加音频、视频、动画等，让演示文稿的内容和形式更加丰富有趣。本章讲解演示文稿中插入音频、视频，添加动画等技巧。

14.1 插入与编辑音频和视频

14.1.1 音频的插入与编辑

单击"插入"选项卡，在选项卡功能面板中单击"音频"下拉按钮，在弹出的菜单中可以选择"嵌入音频""链接到音频""嵌入背景音乐""链接背景音乐"来插入音频，这里选择"嵌入音频"，如图 14-1 所示。

图 14-1

在弹出的"文件管理器"对话框中，打开要嵌入音频的存储路径，选中需要插入的音频，单击"打开"按钮，即可将音频插入演示文稿中，如图 14-2 所示。

图 14-2

插入后的效果如图 14-3 所示。

图 14-3

此时单击音频的"播放"按钮 ◎ ，即可进行播放。

在插入音频后，用户可以对音频进行裁剪，以改变音频的时长，操作如下。

选中音频，单击"音频工具"选项卡，在选项卡功能面板中单击"裁剪音频"按钮，如图 14-4 所示。

图 14-4

在弹出的"裁剪音频"对话框中，用户可以拖动音频时间轴上左右两端的滑块来设置音频裁剪的开始和结束时间，设置完毕后，单击"确定"按钮即可，如图 14-5 所示。

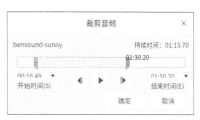

图 14-5

在"音频工具"选项卡功能面板中可以设置音频是自动播放还是单击播放，如设置为"自动"播放，同时勾选"放映时隐藏"，播放幻灯片后音频会自动播放，同时小喇叭图标 ◁ 也会处于隐藏状态，如图 14-6 所示。

图 14-6

14.1.2 视频的插入与编辑

单击"插入"选项卡,在选项卡功能面板中单击"视频"下拉按钮,在弹出的菜单中用户可以选择"嵌入本地视频""链接到本地视频"来插入视频,这里选择"嵌入本地视频",如图 14-7 所示。

图 14-7

在弹出的"文件管理器"对话框中,打开视频的存储路径,选中需要插入的视频,单击"打开"按钮,即可将视频插入演示文稿中,如图 14-8 所示。

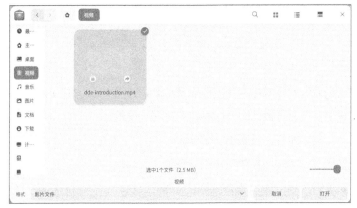

图 14-8

此时单击视频的"播放"按钮 ⊙ ,即可进行播放,如图 14-9 所示。

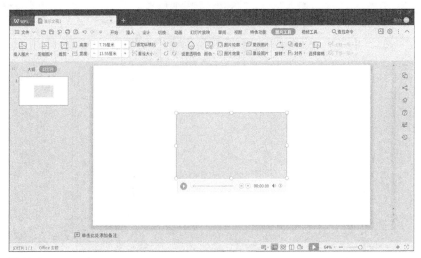

图 14-9

插入视频后,用户可以对视频进行裁剪操作,以对视频进行编辑,操作如下。

选中视频，单击"视频工具"选项卡，在选项卡功能面板中单击"裁剪视频"按钮，如图 14-10 所示。

在弹出的"裁剪视频"对话框中，用户可以拖动视频时间轴上左右两端的滑块来设置视频裁剪的开始时间和结束时间，设置完毕后，单击"确定"按钮即可，如图 14-11 所示。

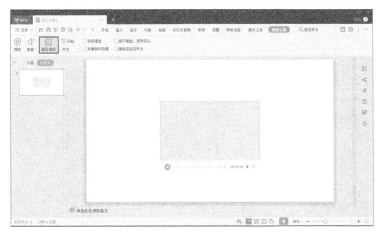 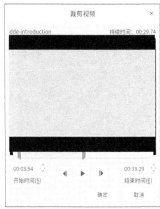

图 14-10　　　　　　　　　　　　　　　　　　　　　　　　　　图 14-11

与音频类似，视频也可以在"视频工具"下设置自动播放还是单击播放，如设置为"自动"播放，同时勾选"全屏播放"，播放幻灯片后视频会自动全屏播放，如图 14-12 所示。

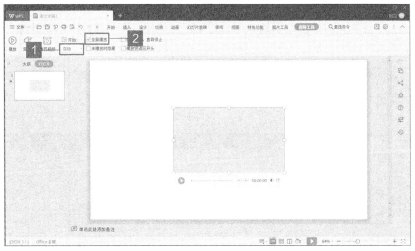

图 14-12

14.2　设置幻灯片动画

幻灯片上的文字、图片等元素可以添加动画，制作出非常炫酷的效果。

14.2.1　添加动画效果

这里以为一张图片添加动画效果为例讲解如何添加幻灯片动画。在幻灯片中插入一张图片，然后选中该图片，单击"动画"选项卡，在选项卡功能面板中可以选择添加的动画，这里选择"进入"下的"百叶窗"，如图 14-13 所示。设置时即可预览到图片添加动画后的效果。

图 14-13

14.2.2　设置动画效果

用户在为文字或图片等添加动画后，可以对动画的效果进行设置，这里以设置百叶窗效果为例，操作如下。

选中一个添加有百叶窗动画的图片，单击"动画"选项卡，在选项卡功能面板中单击"自定义动画"按钮，如图 14-14 所示。

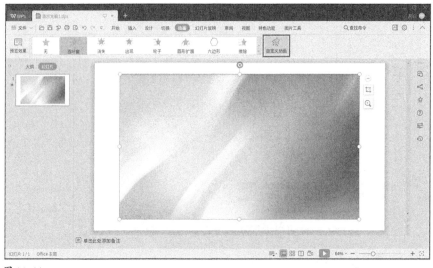

图 14-14

在 WPS 演示工作界面的右侧，用户可以设置动画播放的开始、方向、速度，这里将动画播放的"开始"设置为"单击时"，播放的"方向"设置为"垂直"，播放的"速度"设置为"慢速"，如图 14-15 所示。播放当前幻灯片时，单击即可看到设置后的效果。

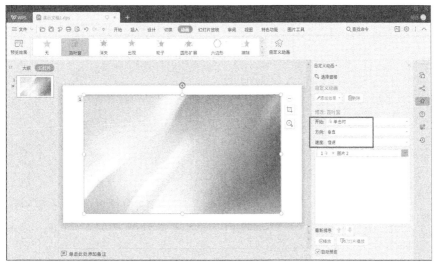

图 14-15

14.2.3　设置动作路径动画

用户可以通过设置动作路径来指定图片或文字的运动轨迹，操作如下。

选中图片，单击"动画"选项卡，在选项卡功能面板中单击下拉按钮，在展开的菜单中选择"动作路径"下的"菱形"，如图 14-16 所示。

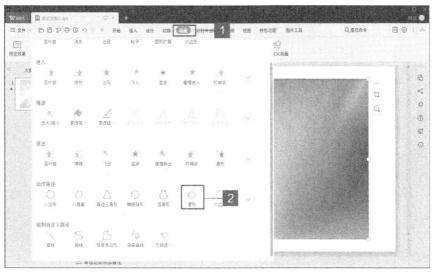

图 14-16

可以将鼠标指针放到动作路径上调整路径位置、大小和旋转方向，设置完成后的效果如图 14-17所示。播放当前的幻灯片即可看到图片的动画效果。

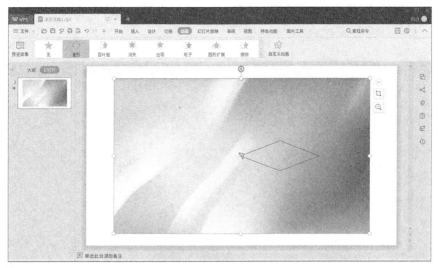

图 14-17

14.3   设置幻灯片切换动画

用户可以通过设置幻灯片的切换动画来丰富幻灯片切换时的转场效果。

14.3.1   添加切换动画

在 WPS 演示工作界面的左侧选中需要添加切换动画的幻灯片，单击鼠标右键，在弹出的快捷菜单中选择"幻灯片切换"，如图 14-18 所示。

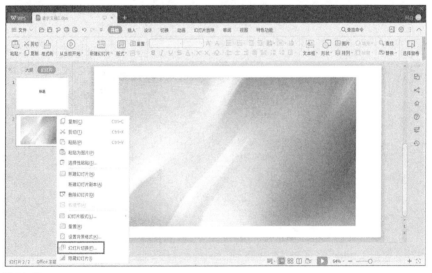

图 14-18

在 WPS 演示工作界面的右侧，可以选择幻灯片的切换动画，这里选择"轮辐"，如图 14-19 所示。当切换到添加有"轮辐"动画的幻灯片时，就可以看到播放的效果。

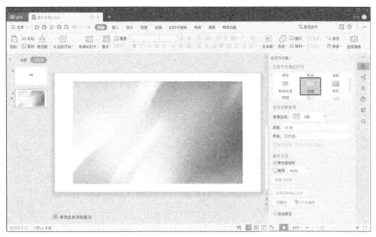

图 14-19

14.3.2　设置切换动画效果

用户可以通过设置切换动画的速度和声音来改变切换动画的播放效果，这里以设置"轮辐"动画的效果为例，操作如下。

选中添加有"轮辐"动画的幻灯片，单击鼠标右键，在弹出的快捷菜单中选择"幻灯片切换"，在WPS界面的右侧可以设置切换效果和换片方式，如将"速度"的数值设置为"0.8"，将"声音"设置为"风铃"，如图 14-20 所示。当切换到添加有"轮辐"动画的幻灯片时，就可以看到播放的效果。

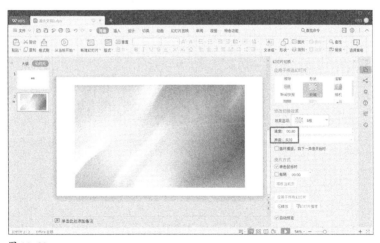

图 14-20

14.4　**进阶小妙招：酷炫倒计时开场不求人**

在演示文稿中加入一个酷炫的倒计时开场，既能够引起在场观众的兴趣，又能活跃现场的气氛。本节讲解如何制作一个和电影倒计时类似的效果。

单击"插入"选项卡，在选项卡功能面板中单击"形状"按钮，在弹出的菜单中选择"基本形状"

下的"椭圆",如图 14-21 所示。

图 14-21

按住【Shift】键,同时按住鼠标左键拖曳,绘制出一个圆形,作为倒计时效果的背景,如图 14-22 所示。

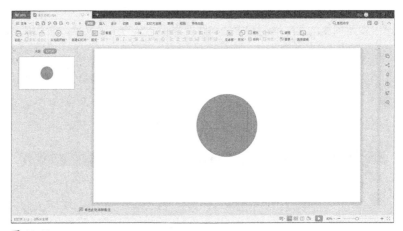

图 14-22

选中圆形,在里面输入"5",将字号设置为"72",添加加粗效果,如图 14-23 所示。

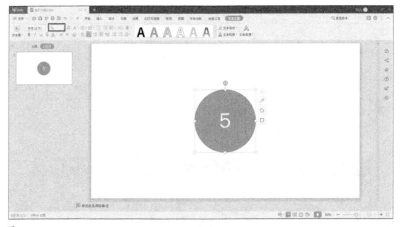

图 14-23

单击"动画"选项卡,在选项卡功能面板中选择"轮子"动画效果,如图 14-24 所示。

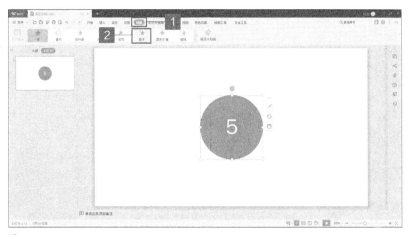

图 14-24

单击"自定义动画"按钮，在 WPS 演示工作界面的右侧，单击添加的动画右侧的下拉按钮，在弹出的下拉列表框中选择"计时"，如图 14-25 所示。

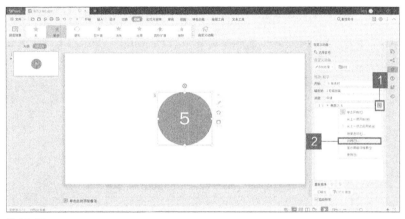

图 14-25

在弹出的"轮子"对话框中，单击"速度"右侧的下拉按钮，在弹出的菜单中选择"快速（1秒）"，单击"确定"按钮，如图 14-26 所示。

图 14-26

选中当前的幻灯片，通过快捷键【Ctrl+C】和【Ctrl+V】复制出 4 张相同的幻灯片，将这 4 张幻灯片中的数值依次修改为"4""3""2""1"，如图 14-27 所示。

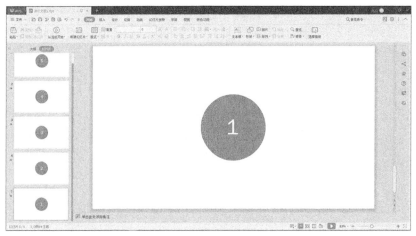

图 14-27

在 WPS 演示工作界面的左侧选中任意一张幻灯片，按快捷键【Ctrl+A】，选中所有的幻灯片，单击"切换"选项卡，在选项卡功能面板中单击"切换效果"按钮，取消勾选"切换方式"下的"单击鼠标时"复选框，设置"每隔"为"00:01"，如图 14-28 所示。此时播放幻灯片，即可播放倒计时效果。

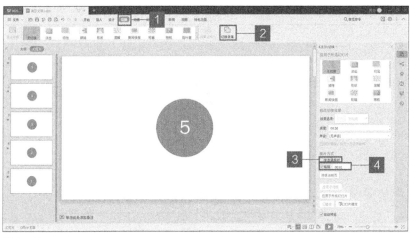

图 14-28

14.5 动作按钮和超链接

用户可以通过制作动作按钮和设置超链接来增加演示文稿的交互元素。

14.5.1 制作动作按钮

本节以使用动作按钮制作从第一张幻灯片跳转到第三张幻灯片的动作为例，讲解动作按钮的制作方法，操作如下。

在 WPS 演示工作界面的左侧创建 4 张幻灯片，并分别在每张幻灯片中输入"第一张""第二张""第三张""第四张"以区分幻灯片，如图 14-29 所示。

图 14-29

选中第一张幻灯片，单击"插入"选项卡，在选项卡功能面板中单击"形状"下拉按钮，在弹出的菜单中可以选择需要插入的动作按钮，这里选择"前进或下一项"，如图 14-30 所示。

图 14-30

在幻灯片中，按住鼠标左键并拖曳，绘制出动作按钮，此时，WPS 演示工作界面会弹出"动作设置"对话框，如图 14-31 所示。

图 14-31

单击展开"超链接到 (H)"的下拉菜单，选择"幻灯片"，如图 14-32 所示。

在弹出的"超链接到幻灯片"对话框中选择"第三张"，单击"确定"按钮，如图 14-33 所示。

在"动作设置"对话框中单击"确定"按钮，如图 14-34 所示。播放第一张幻灯片时，单击"前进或下一项"按钮，即可跳转到第三张幻灯片。

图 14-32

图 14-33

图 14-34

14.5.2　设置超链接

用户可以在演示文稿中设置超链接，以快速打开网页或本地文件，这里以打开一张本地图片为例，操作如下。

将光标插入文本框中，单击"插入"选项卡，在选项卡功能面板中单击"超链接"按钮，如图 14-35 所示。

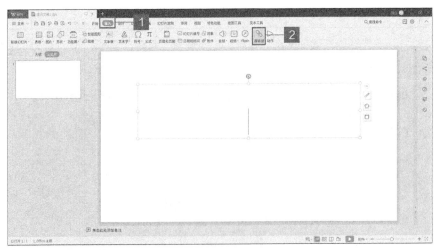

图 14-35

在弹出的"插入超链接"对话框中，打开图片的存储路径，选中需要设置超链接的图片，单击"确定"按钮，如图 14-36 所示。

设置完毕后，如图 14-37 所示，播放当前的幻灯片，单击超链接，即可打开超链接对应的图片。

图 14-36

图 14-37

14.6 进阶小妙招：制作神奇的触发器

触发器相当于一个按钮，这个按钮可以是图片、文字、段落、文本框等，用户可以通过单击触发器来控制一个操作。本节以控制图片的显示和隐藏为例，讲解触发器的制作方法，操作如下。

在幻灯片中插入一张图片和两个文本框，在两个文本框中分别输入"显示"和"隐藏"，如图 14-38 所示。

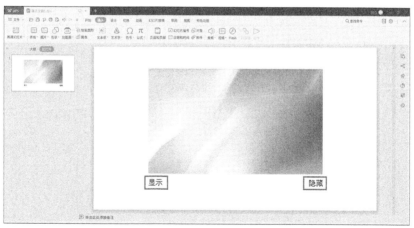

图 14-38

选中图片，单击"动画"选项卡，在选项卡功能面板中单击下拉按钮，在弹出的菜单中为图片添加"进入"下的"出现"动画，如图 14-39 所示。

接下来需要设置"出现"动画的触发器。在选项卡功能面板中单击"自定义动画"按钮，在WPS 演示工作界面的右侧单击添加的"出现"动画右侧的下拉按钮，在弹出的下拉列表框中选择"计时"，如图 14-40 所示。

图 14-39

图 14-40

在弹出的"出现"对话框中单击"触发器"按钮，选中"单击下列对象时启动效果"单选按钮，单击"单击下列对象时启动效果"右侧的下拉按钮，在弹出的下拉列表框中选择"文本框 1"，单击"确定"按钮即可，如图 14-41 所示。

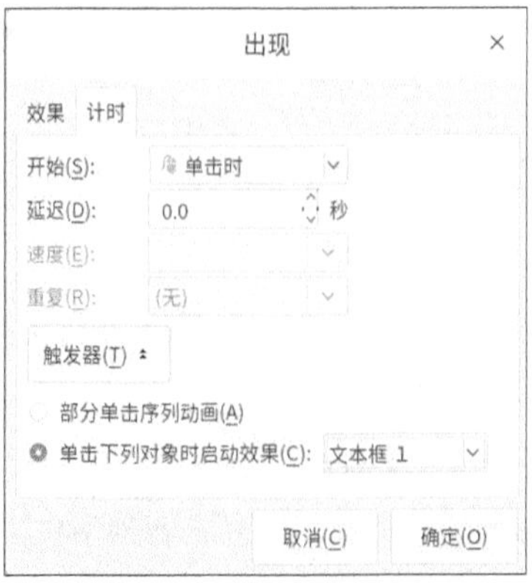

图 14-41

> **提示**
>
> 单击"开始"选项卡功能面板中的"选择窗格"按钮可以查看文本框的名字。

接下来制作控制图片隐藏的触发器。在 WPS 演示工作界面的右侧单击"添加效果"按钮，在弹出的菜单中选择"退出"下的"消失"，如图 14-42 所示。

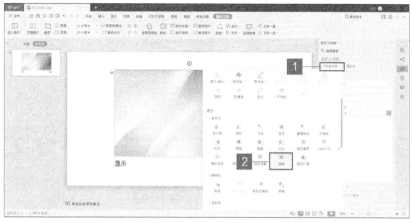

图 14-42

在 WPS 演示工作界面的右侧，单击添加的"消失"动画右侧的下拉按钮，在弹出的下拉列表框中选择"计时"，如图 14-43 所示。

在弹出的"消失"对话框中，将"文本框 2"设置为"消失"动画的触发器，如图 14-44 所示。

图 14-43

图 14-44

此时播放幻灯片，即可通过单击"显示"和"隐藏"两个文本框来控制图片的出现和消失。

第 **15** 章

不瞌睡的魔法——课件的制作攻略

课件是根据教学要求、教学目标、教学内容以及教学活动安排等加以制作的内容，可以向学习者提示教学信息。课件与课程内容相辅相成，可提高和促进教学效果。使用 WPS 演示制作课件是一个常用的制作课件方法。本章以制作一个图形图像处理课程的课件为例讲解如何制作课件。

主要内容

课件的制作准备

课件的编辑

课件的排版和美化

课件的动画

15.1 课件的制作准备

课件有协助老师教学、辅助学生理解、吸引学生注意的作用，同时还可替代传统板书。在课堂上，它是老师重要的讲解工具；好的课件能够提升课堂魅力，提高教学成果。那么，如何才能制作出一份好的课件呢？首先需要了解以下制作课件的技巧。

（1）删繁就简

做课件，首先应避免的就是大段的文字；若是大段的文字，别说学生，老师自己做完了都不想看。同时大段文字的阅读体验也非常不好。因此，在制作课件时，需要从教案出发，提炼教学内容的关键字，只展示核心的、重要的知识点。

（2）细节处理

细节决定成败。做课件不难，但是把课件做好就不是很容易。俗话说细节决定成败，课件效果的好坏由课件的细节决定，包括所选文字的颜色与背景、文字的大小、字体。这些非常细微的点会直接影响学生的视觉体验，自然也就影响到课堂的整体效果，需要在制作时考虑。除此之外，在制作课件时，建议遵循设计的 4 个原则，即亲密性、对齐、重复、对比，这样有所依据。

● 亲密性：指相关的内容其物理位置接近，人们在看到这个内容时会将其看作一个整体，而不是彼此不相关的元素。关联性越高，距离越近；反之越远。

● 对齐：任何元素在页面中都不是随意放置的，它们之间会有一个看不见的线将其连在一起，得到一个更内聚的单元，它符合读者的认知特性，也能引导视觉流向，让读者更流畅地接受信息。

● 重复：设计在整个作品中需要重复使用，可以是某个文字样式、空间关系、颜色、设计要素等，也叫一致性。相同的元素在界面上不断重复可以帮助用户识别元素之间的关联性。

● 对比：不同的元素需要对比，从而达到吸引读者的效果。如果两项不完全相同，那就应当使之不同。对比可以吸引眼球、使层级清晰、引导读者等，可以通过字体大小、粗细等来凸显。

（3）巧用母版

课件不是炫技，不需要很多的技巧，甚至很多工作都是重复的，此时就需要巧用母版，减少自己的工作量。建议在制作课件时尽量采用白底，使用的颜色不超过 3 种，这样做出来的课件不说超级高大上，但至少简洁大气。

介绍完制作课件的要点后，这里总结了一个用 WPS 演示高效制作课件的流程，如图 15-1 所示。

制作课件前需要先梳理好整体的逻辑，越详细越好。然后将提纲插入 WPS 演示中，接下来需要搜集素材来完善提纲，将适合提纲的文字填充进去，使课

图 15-1

件内容逐渐丰富起来。确定了课件中的内容后就可以开始对课件进行美化，能用图片、图表表达的就用图片、图表，如流程、关系、数据等，有时候千言万语不如一张图来得明白，图片和图表无法表达时再用文字说明。然后根据 PPT 的内容利用母版、图表、图片等来美化幻灯片，并为幻灯片添加动画。最后放映幻灯片，检查是否有不满意的地方或错别字，进行调试修改。

15.2　课件的编辑

按照前面讲解的制作课件的流程，需要先梳理出课件的整体逻辑，然后搜集素材，将内容插入文档中。此时不需要考虑任何与设计相关操作。因为制作课件是一个重复性很高的工作，所以这里只在第一次操作时讲解详细的操作步骤，重复步骤只讲解思路，详细操作如下。

新建一个文档，在编辑幻灯片前首先对幻灯片的页面大小进行修改。首先单击"设计"选项卡，然后单击选项卡功能面板中的"页面设置"按钮，如图 15-2 所示。

图 15-2

在弹出的"页面设置"对话框中设置页面"宽度"为"27"，"高度"为"20"，单击"确定"按钮，如图 15-3 所示。

在弹出的"页面缩放选项"对话框中选择"确保适合"，如图 15-4 所示。

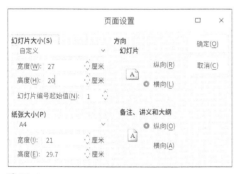

图 15-3

图 15-4

接着开始编辑幻灯片。单击第 1 张幻灯片上的文本框，输入课件标题"第 3 课 图层——将对象分离"，如图 15-5 所示。

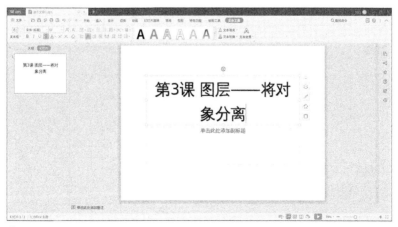

图 15-5

在左侧幻灯片列表中的第 1 张幻灯片上单击鼠标右键，在弹出的快捷菜单中选择"新建幻灯片"，如图 15-6 所示。

图 15-6

在左侧的幻灯片列表中选中第 2 张幻灯片，在"开始"选项卡功能面板中单击"版式"按钮，在弹出的菜单中选择"空白"，如图 15-7 所示。

图 15-7

将第 2 张幻灯片设置为空白版式后，单击"插入"选项卡，单击"文本框"下拉按钮，选择"横向文本框"，在第 2 张幻灯片上拖曳绘制出一个文本框，输入"第 1 节图层的基础操作 图层面板"，如图 15-8 所示。

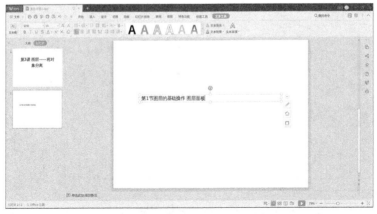

图 15-8

然后创建第 3 张幻灯片，插入文本框，将准备好的文字内容通过复制粘贴插入文档中，如图 15-9 所示。

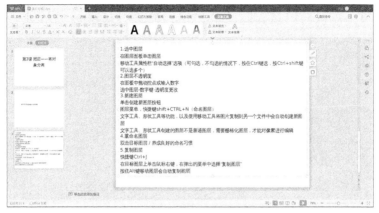

图 15-9

然后在幻灯片中插入图片。单击"插入"选项卡，单击"图片"按钮，如图 15-10 所示。

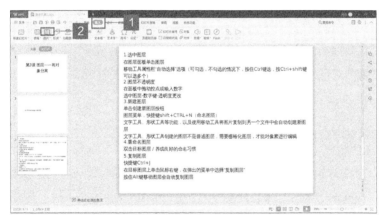

图 15-10

在弹出的"文件管理器"对话框中选择准备好的素材图片，单击"打开"按钮，即可将图片插入文档中，如图 15-11 所示。

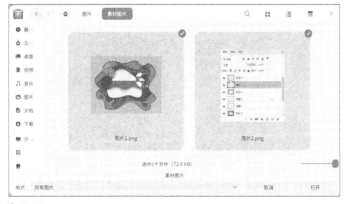

图 15-11

使用同样的方法，将本节准备好的所有文本和图片内容插入课件中，如图 15-12 所示。

图 15-12

15.3 课件的排版和美化

在将所有内容都插入课件中后，需要对幻灯片上的内容进行整体设计、排版，使其层级清晰，并且有一定的美观性，这样学生才想看，并且能够从中获得收获，最终达到提高教学效果的目的。

15.3.1 制作幻灯片母版

首先对幻灯片的母版进行设置，利用好母版可以减少重复性工作，提高工作效率。

单击"设计"选项卡，在选项卡功能面板中单击"编辑母版"按钮，进入编辑母版状态。选择左侧的"标题幻灯片版式"，将上面的文本框删除，将准备好的封面页背景图插入版式中，效果如图 15-13 所示。

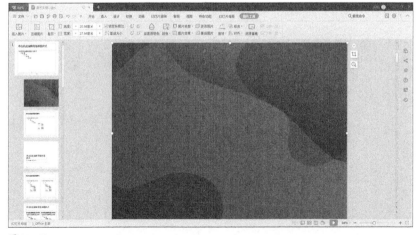

图 15-13

选择"节标题幻灯片版式"，删除上面的文本框，将过渡页的背景图插入版式中，效果如图 15-14 所示。

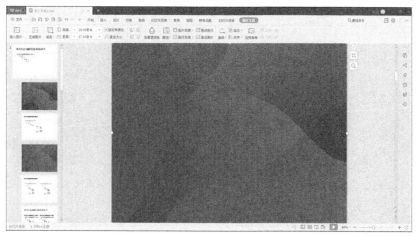

图 15-14

此时关于母版的操作完成，单击"幻灯片母版"选项卡功能面板中的"关闭"按钮，退出母版编辑状态。

15.3.2　制作封面页

在左侧列表中选择第 1 张幻灯片，单击"开始"选项卡功能面板中的"版式"按钮，选择应用刚刚设置好的"标题幻灯片版式"，如图 15-15 所示。

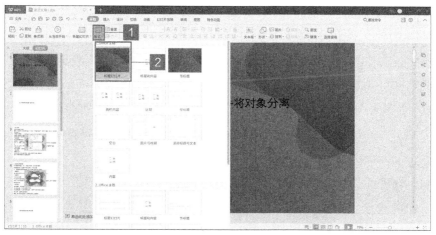

图 15-15

将"第"和"课"分别放到一个文本框中，设置字体为"微软雅黑"，字号为"18"，颜色为"白色"，如图 15-16 所示。

然后单击"插入"选项卡，在选项卡功能面板中单击"形状"按钮，在弹出的菜单中选择"圆形"，如图 15-17 所示。

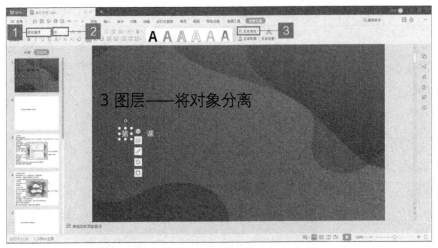

图 15-16

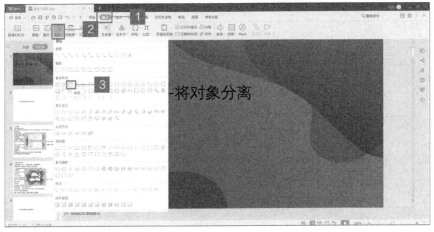

图 15-17

在幻灯片上，按住【Shift】键拖曳绘制一个圆形，在"绘图工具"选项卡功能面板中选择"形状效果"下的"阴影-向下偏移"，为圆形添加阴影效果。然后在圆形中间输入数字"3"，设置字体为"Arial"，字号为"40"，颜色为"白色"，并设置加粗效果，图 15-18 展示的是设置完成的效果。

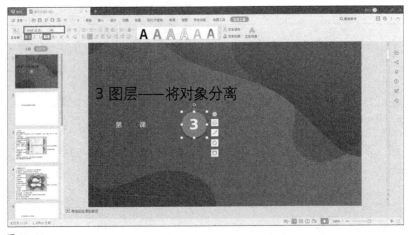

图 15-18

将有"第""课"的两个文本框放在圆形的两边组成"第3课",按住【Shift】键,依次单击选中这3个对象,单击"绘图工具"选项卡,单击选项卡功能面板中的"对齐"按钮,在弹出的菜单中选择"垂直居中",如图15-19所示。

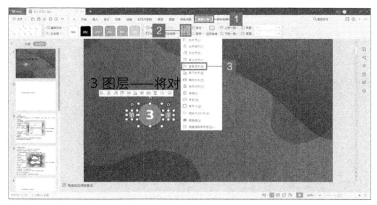

图 15-19

在选中上面3个对象的情况下,单击鼠标右键,在弹出的快捷菜单中选择"组合"下的"组合",将其组合到一起,避免移动位置时改变整体的位置关系,如图15-20所示。

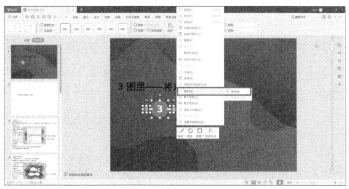

图 15-20

删除之前输入完整标题的文本框中的"3",将本课标题"图层——将对象分离"的字体设置为"微软雅黑",字号为"44",颜色为"白色",设置加粗效果,放置到"第3课"的下方,适当调整位置,效果如图15-21所示。此时封面页制作完毕。

图 15-21

15.3.3 制作过渡页

在左侧的列表中选择第 2 张幻灯片，开始制作过渡页。单击"开始"选项卡功能面板中的"版式"按钮，选择设计好的"节标题"版式，如图 15-22 所示。

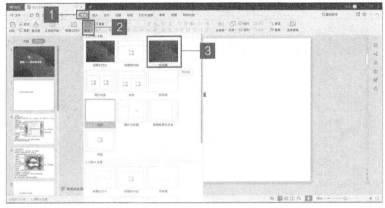

图 15-22

将过渡页上的节标题序号、主标题、副标题拆分成 3 个部分，分别放到 3 个文本框中。其中"第 1 节"的"第"和"节"字体设为"微软雅黑"，字号"18"，"1"字体设置为"Arial"，字号为"66"；第 2 个文本框中"图层的基础操作"同样字体设为"微软雅黑"，字号设为"44"，添加加粗效果；第 3 个文本框中为"图层面板"，字体设为"微软雅黑"，字号设为"14"。所有文字均设置为"白色"。按照图 15-23 所示的位置摆放这 3 个文本框即可完成过渡页的制作。

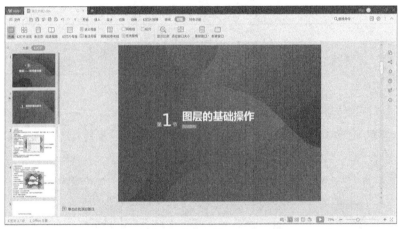

图 15-23

15.3.4 图文页面排版与美化

第 3 张和第 4 张幻灯片既有图片又有文字，按照图文之间的关系我们需要将里面的内容进行整体设计和排版。可以看到内容是已经提炼好的关键知识点，一共分了 5 点，将每一点的内容放置到一个文本框中，整体放到页面的左侧对齐，右侧放置图片，如图 15-24 所示。

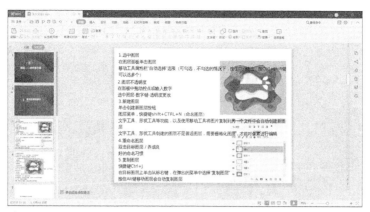

图 15-24

接下来对文字进行设计。知识点的文字比较重要，例如"1.选中图层"，将其选中，字体设为"微软雅黑"，字号设为"20"，添加加粗效果，然后单击"字体颜色"图标右侧的下拉按钮，选择"其他字体颜色"，如图 15-25 所示。

在"颜色"对话框中单击"自定义"选项卡，R、G、B 分别设置为"51""137""202"，单击"确定"按钮，如图 15-26 所示。

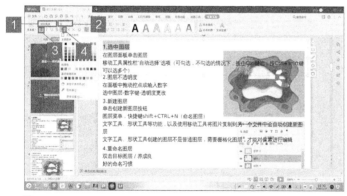

图 15-25

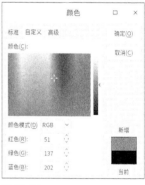

图 15-26

知识点下面的详细介绍其重要程度不如知识点，因此将其字体设为"微软雅黑"，字号设为"14"，效果如图 15-27 所示。

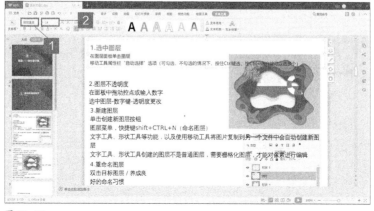

图 15-27

选中上面知识点所在的文本框中的所有文字，单击鼠标右键，在弹出的快捷菜单中选择"段落"，如图 15-28 所示。

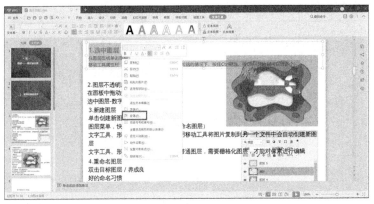

图 15-28

在弹出的"段落"对话框中将"行距"设置为"多倍行距"，"设置值"设为"1.25"，单击"确定"按钮，如图 15-29 所示。

效果如图 15-30 所示。

图 15-29

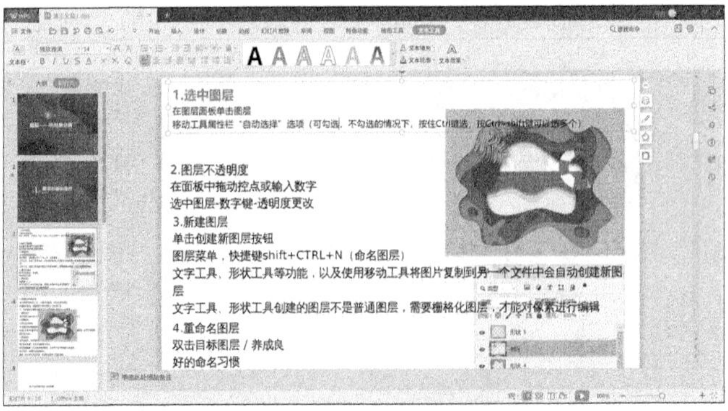

图 15-30

使用"开始"选项卡功能面板中的格式刷功能，将设置好的格式应用到其他知识点上，效果如图 15-31 所示。

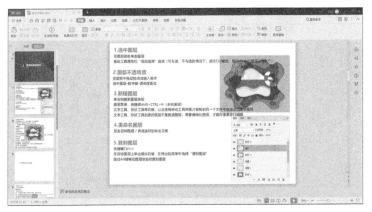

图 15-31

选中所有文本框，将其左对齐，纵向分布，图片放置到页面的右侧，适当调整大小，底部与左侧的文本框对齐，效果如图 15-32 所示。

图 15-32

使用类似的方法设置第 4 张幻灯片的页面版式，还是左文字、右图片的结构。使用格式刷设置好文本格式后，将左侧文本框左对齐，纵向分布；图片放置到页面的右上角，与左侧文本框对齐；图片的说明文字放到相关图片的下方，其文本框的宽度与图片对齐，字体设为"微软雅黑"，字号设为"10"，设置完成后的效果如图 15-33 所示。

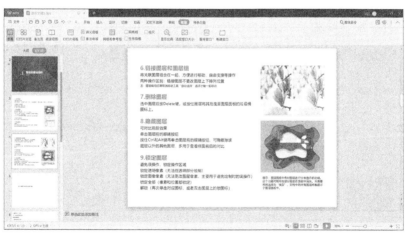

图 15-33

第 5 张幻灯片是第 2 节的过渡页，其样式和版式与第 1 节类似，可以直接复制第 1 节的幻灯片，修改文字内容为第 2 节的标题内容，快速制作出第 5 张幻灯片的整体效果，如图 15-34 所示。

到这里，课件知识点部分的内容就讲解完毕，剩下就是按照前面讲解的操作方法与思路，制作完成第 2 和第 3 节，制作完成后的效果如图 15-35 所示。

第 9 张和第 10 张幻灯片是作业，作业不同于讲解的知识点，因此为了进行区分，这里将作业内容部分的幻灯片背景设置为一个浅蓝色的纯色背景，与课件整体颜色相呼应。将整体页面排版完成后，首先单击"设计"选项卡，然后单击选项卡功能面板中"背景"下拉按钮，选择"设置背景格式"，如图 15-36 所示。

图 15-34

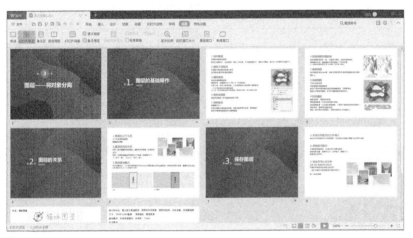

图 15-35

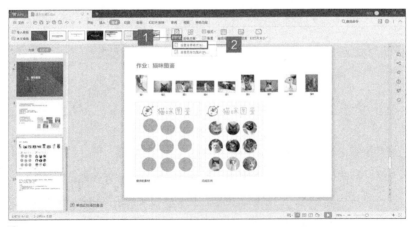

图 15-36

　　将背景的填充色设置为"纯色填充"，在"颜色"下拉列表框中选择"更多颜色"，如图 15-37 所示。

　　在弹出的"颜色"对话框中单击"自定义"选项卡，设置颜色的 R、G、B 分别为"51""137""202"，单击"确定"按钮，如图 15-38 所示。

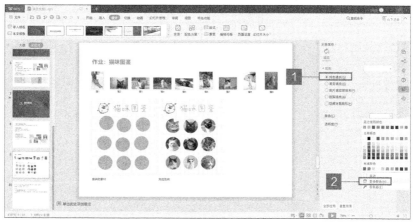

图 15-37

　　然后将"透明度"调整为"73%",效果如图 15-39 所示。第 10 张幻灯片进行同样的操作,此时页面整体的效果已经制作完成。

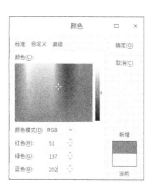

图 15-38

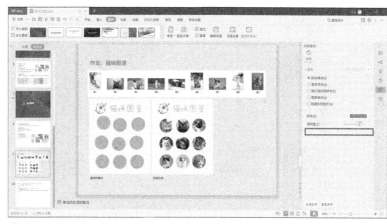

图 15-39

15.4　课件的动画

　　对页面的整体版式进行设计美化后接下来就需要为这些元素添加动画了。没有动画的幻灯片整体比较生硬,在播放的时候就是直接出现,没有一点过渡,因此需要添加动画,让幻灯片放映时的整体效果更加流畅自然。

　　首先设置幻灯片的切换动画。选择第 1 张幻灯片,首先单击"切换"选项卡,然后单击选项卡功能面板中的"淡出"即可,如图 15-40 所示。使用同样的方法为其他页面的幻灯片添加上动画。

　　然后设置幻灯片中内容的切换动画,这里选择"第 3 课",首先单击"动画"选项卡,然后单击"切入",然后单击"自定义动画"按钮,在界面右侧设置"方向"为"自左侧"即可为其添加从左侧切入的动画,如图 15-41 所示。同理为"图层——将对象分离"添加从左侧切入的动画。

　　使用同样的方法为过渡页制作动画。这里为"第 1 节"的文本框设置了自底部切入的动画;然后同时选中标题和副标题,设置自左侧切入的动画,这样在播放的时候它们就可以同时出现,如图 15-42 所示。

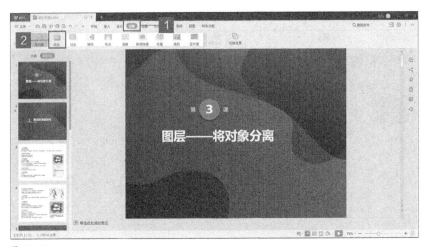

图 15-40

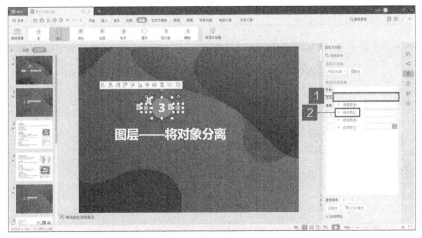

图 15-41

图 15-42

图文页面因为整体内容比较多，添加了动画反而会显得比较乱，所以不需要设计动画。使用同样的方法为其他过渡页添加动画即可，直至完成整体的课件。完成后对整体进行测试和检查，看有没有错别字或漏添加动画的情况，检查完毕后将课件保存即可。